GraphQL 學習手冊
現代網路 App 的宣告式資料擷取工具

Learning GraphQL
Declarative Data Fetching for Modern Web Apps

Eve Porcello & Alex Banks 著
賴屹民 譯

目錄

前言

致謝

如果沒有許多傑出人士的協助，本書將無法問世。GraphQL 學習手冊是在我們的上一本書 *Learning React* 的編輯 Ally MacDonald 鼓勵之下著作的。我們有幸與 Alicia Young 合作，在他的帶領之下出版這本書。感謝 Justin Billing、Melanie Yarbrough 與 Chris Edwards 細心的在編輯期間磨除所有粗糙的邊緣。

在過程中，我們有幸獲得 Apollo 團隊成員 Peggy Rayzis 與 Sashko Stubailo 的回饋，收到他們對於新功能的見解與建議。感謝傑出的技術編輯 Adam Rackis、Garrett McCullough 與 Shivi Singh。

我們之所以寫這本書是因為我們喜歡 GraphQL，相信你也會如此。

本書編排方式

本書使用以下的編排規則：

斜體字（*Italic*）

　代表新的術語、URL、電子郵件地址、檔案名稱及副檔名。中文以楷體表示。

定寬字（`Constant width`）

代表命令列輸出與程式，在文章中代表命令與程式元素，例如變數或函式名稱、資料庫、資料型態、環境變數、陳述式與關鍵字。

定寬粗體字（**`Constant width bold`**）

代表指令，或其他應由使用者逐字輸入的文字。

定寬斜體字（*`Constant width italic`*）

代表應換成使用者提供的值，或依上下文而決定的值。

這個圖示代表提示或建議。

這個圖示代表一般注意事項。

這個圖示代表警告或小心。

使用範例程式

你可以到 *https://github.com/moonhighway/learning-graphql/* 下載補充教材（範例程式、練習題等等）。

本書的目的是協助你完成工作。一般來說，你可以在自己的程式或文件中使用本書的程式碼而不需要聯繫出版社取得許可，除非你更動了程式的重要部分。舉例來說，為了撰寫程式，而使用本書中數段程式碼，不需要取得授權，但是將 O'Reilly 書籍的範例製成光碟來銷售或散佈，就絕對需要我們的授權。引用這本書的內容與範例程式碼來回答問題不需要取得許可。在你的產品文件中加入本書大量的程式碼需要取得許可。

如果你在引用它們時能標明出處，我們會非常感激（但不強制要求）。在指出出處時，內容通常包括標題、作者、出版社與國際標準書號。例如：“*Learning GraphQL* by Eve Porcello and Alex Banks (O'Reilly). Copyright 2018 Eve Porcello and Alex Banks, 978-1-492-03071-3.”。

如果你覺得自己使用範例程式的程度超出上述的允許範圍，歡迎隨時與我們聯繫：*permissions@oreilly.com*。

第一章

歡迎使用 GraphQL

Tim Berners-Lee 被英國女皇冊封為騎士之前是位程式員。他當時在瑞士的 CERN 歐洲粒子物理實驗室任職，周圍都是才華洋溢的研究人員。Berners-Lee 希望協助同事們分享心得，所以想要建立一個網路來讓科學家張貼與更新資訊。最終這個專案在 1990 年 12 月幫 CERN（*https://www.w3.org/People/Berners-Lee/Longer.html*）做出史上第一台網路伺服器與第一台網路用戶端，以及 "WorldWideWeb" 瀏覽器（之後稱為 "Nexus"）。

Berners-Lee 的專案可讓研究人員在自己的電腦觀看與更新網頁內容。"WorldWideWeb" 包括 HTML、URL、瀏覽器與用來更新內容的 WYSIWYG 介面。

現在的網際網路並非只是瀏覽器內的 HTML，它包括筆電、手錶、智慧型手機，也包括在滑雪纜椅券裡面的無線射頻辨識（RFID）晶片，甚至包括當你外出時幫忙餵貓的機器人。

現今的用戶端比以前多，但我們仍然希望做到同樣的事情：盡快載入資料。使用者的高標準讓應用程式必須保持高效。他們希望 app 在任何情況下都可良好運行——從功能手機的 2G 網路到大螢幕桌機的超快速光纖網際網路。快速的 app 可讓更多人與我們的內容輕鬆互動。快速的 app 可讓使用者開心，並且讓我們發大財。

將伺服器的資料快速且可靠地送到用戶端是網路的重點，無論過去、現在與未來都是如此。雖然本書經常提到從前的背景，但我們討論的重點是現代的解決方案。所以我們接下來要談談未來，談談 GraphQL。

什麼是 GraphQL ？

GraphQL（*https://www.graphql.org/*）是供 API 使用的查詢語言。它也是滿足資料查詢的 runtime。GraphQL 服務不規定使用哪種傳輸協定，但通常是透過 HTTP 來提供的。

為了展示 GraphQL query[譯註] 與它的回應，請看一下 SWAPI（*https://graphql.org/swapi-graphql/*），也就是 Star Wars API。SWAPI 是與 GraphQL 包在一起的表現層狀態轉換（Representational State Transfer，REST）API。我們可以用它來傳送 query 及接收資料。

GraphQL query 只會要求它需要的資料。圖 1-1 是個 GraphQL query 範例，query 在左邊，在此我們索取 Princess Leia 的個人資料。由於我們指明索取第五人的資料（`personID:5`），所以得到 Leia Organa 的紀錄。接下來，我們指定取得資料的三個欄位：`name`、`birthYear` 與 `created`。右邊是回應：它按照 query 的外形（shape）將 JSON 資料格式化了。這個回應只含有我們需要的資料。

```
1 query {
2   person(personID:5) {
3     name
4     birthYear
5     created
6   }
7 }
```

```
{
  "data": {
    "person": {
      "name": "Leia Organa",
      "birthYear": "19BBY",
      "created": "2014-12-10T15:20:09.791000Z"
    }
  }
}
```

圖 1-1 用 Star Wars API 來查詢個人資料

因為查詢的動作是互動的，所以我們接下來可以修改它，以查看新的結果。如果我們加入欄位 `filmConnection`，就可以索取有 Leia 的電影名稱，如圖 1-2 所示。

[譯註] 為了協助閱讀，本書將動詞的 query 譯為“查詢”，將名詞的 query 保持原狀，因為它在 GraphQL 中的關鍵字也是 query。GraphQL 的另兩項操作——mutation 和 subscription 亦同。

```
1  query {
2    person(personID:5) {
3      name
4      birthYear
5      created
6      filmConnection {
7        films {
8          title
9        }
10     }
11   }
12 }
```

```
{
  "data": {
    "person": {
      "name": "Leia Organa",
      "birthYear": "19BBY",
      "created": "2014-12-10T15:20:09.791000Z",
      "filmConnection": {
        "films": [
          {
            "title": "A New Hope"
          },
          {
            "title": "The Empire Strikes Back"
          },
          {
            "title": "Return of the Jedi"
          },
          {
            "title": "Revenge of the Sith"
          },
          {
            "title": "The Force Awakens"
          }
        ]
      }
    }
  }
}
```

圖 1-2　連結查詢

這個 query 是嵌套狀的，它被執行時可遍歷相關的物件，如此一來，我們就可以用單一 HTTP 請求來取得兩種類型的資料，而不需要為了查詢多個物件而反覆執行多次。我們不會收到與這些類型有關但不想要取得的資料。使用 GraphQL 時，用戶端可以用一個請求指令取得他們需要的所有資料。

當你對 GraphQL 伺服器執行 query 時，它會用一種型態系統（type system）來驗證 query。每一個 GraphQL 服務都會在 GraphQL schema（綱要）裡面定義許多型態。你可以將型態系統視為 API 的資料藍圖，這個藍圖的基礎是你所定義的一系列物件。例如，稍早的人物 query 的基礎是 Person 物件：

```
type Person {
    id: ID!
    name: String
    birthYear: String
    eyeColor: String
```

```
        gender: String
        hairColor: String
        height: Int
        mass: Float
        skinColor: String
        homeworld: Planet
        species: Species
        filmConnection: PersonFilmsConnection
        starshipConnection: PersonStarshipConnection
        vehicleConnection: PersonVehiclesConnection
        created: String
        edited: String
    }
```

`Person` 型態定義了所有欄位及其型態，讓你可以在查詢 Princess Leia 時取得它們。第三章會更深入討論 schema 與 GraphQL 的型態系統。

GraphQL 通常被稱為**宣告式**（*declarative*）資料擷取語言，意思是開發者只要根據他們需要**哪些**資料來列出資料需求，而不需要把注意力放在該**如何**取得它。市面上有供各種語言使用的 GraphQL 伺服器程式庫，包括 C#、Clojure、Elixir、Erlang、Go、Groovy、Java、JavaScript、.NET、PHP、Python、Scala 與 Ruby[1]。

在本書中，我們的重點是如何用 JavaScript 來建構 GraphQL 服務。本書討論的所有技術都適用於任何語言寫成的 GraphQL。

GraphQL 規格

GraphQL 是一種用戶端 / 伺服器通訊規格（spec）。什麼是規格？規格描述了某種語言的功能與特性。我們都受益於語言規格，因為它提供了共通的詞彙與最佳用法，讓語言的使用社群得以依循。

ECMAScript 規格是一種著名的軟體規格。每隔一段時間，一群來自瀏覽器公司、科技公司和語言社群的代表都會聚在一起，討論應該在 ECMAScript 規格中加入（與移除）哪些東西。GraphQL 也是如此，有一群人會聚在一起討論應納入這種語言（與從中移除）的東西，這份規格是所有 GraphQL 實品的指南。

---

1 見 *https://graphql.org/code/* 的 GraphQL Server Libraries。

當規格發表時，GraphQL 的創造者也會分享一個以 JavaScript 寫成的參考成品——graphql.js（*https://github.com/graphql/graphql-js*）。你可以將這個參考成品當成藍圖，但它的目的不包括規定你一定要用某種語言來實作服務，它只是個指南。瞭解這種查詢語言與型態系統之後，你可以用你喜歡的任何一種語言來建立服務。

如果規格與實作是兩回事，那規格究竟規定些什麼？規格敘述編寫 query 時應使用的語言與語法，也規定一個型態系統及型態系統的執行和驗證引擎。除了以上的規定之外，規格不限制任何東西，GraphQL 未規定該使用哪種語言、如何儲存資料、該支援哪些用戶端。查詢語言有一份指南，但如何實際設計你的專案完全由你自己決定（如果你想要瞭解整個情況，可研究文件（*http://facebook.github.io/graphql/*））。

GraphQL 的設計準則

雖然 GraphQL 不限制建構 API 的方式，但它提供了一些構思服務[2]的指南：

階層式

GraphQL query 是階層式的，query 有一些欄位在其他欄位裡面，且 query 的外形類似它回傳的資料。

以產品為中心

GraphQL 的目的是提供用戶端需要的資料，以及支援用戶端的語言和 runtime。

強型態

GraphQL 伺服器採取 GraphQL 型態系統。在 schema 內，每一個資料點都有一種特定的型態，GraphQL 會拿它來驗證資料點。

由用戶端指定的 *query*

GraphQL 伺服器提供用戶端可以使用的功能。

自我查詢

GraphQL 語言可查詢 GraphQL 伺服器的型態系統。

初步瞭解 GraphQL 規格是什麼之後，接著來看一下它為什麼會問世。

2 見 2018 年 6 月的 GraphQL Spec（*http://facebook.github.io/graphql/June2018/#sec-Overview*）。

GraphQL 的緣起

在 2012 年，Facebook 決定重建 app 的原生行動 app，當時這間公司的 iOS 與 Android app 只不過是將行動網站的畫面稍微包裝起來而已。Facebook 有個 RESTful 與 FQL（Facebook 的 SQL 版本）資料表，當時它效能低下，且 app 經常當機，工程師認為他們需要改善將資料送給用戶端 app 的方式[3]。

Lee Byron、Nick Schrock 與 Dan Schafer 的團隊決定站在用戶端的角度重新考慮他們的資料。他們著手建構了 GraphQL，用這種查詢語言來描述其公司的用戶端 / 伺服器 app 的資料模型其功能與需求。

這個團隊在 2015 年 7 月發表第一版的 GraphQL 規格，以及以 JavaScript 寫成的 GraphQL 參考成品 —— graphql.js。GraphQL 在 2016 年 9 月正式脫離“技術預審”階段，這代表 GraphQL 已經是官方的準成品，雖然它已經在 Facebook 中實際使用多年了。GraphQL 現在負責處理幾乎所有 Facebook 的資料擷取工作，且 IBM、Intuit、Airbnb 與許多其他公司的產品也使用它。

資料傳輸歷史

GraphQL 代表一種極新穎的概念，但你也要瞭解資料傳輸的歷史背景。當我們談到資料傳輸時，都會試著釐清如何在電腦之間來回傳遞資料。我們會向遠端系統請求一些資料，並期望收到一個回應。

遠端程序呼叫

遠端程序呼叫（RPC）是在 1960 年代發明的。RPC 是由用戶端發起的，它會傳送一個請求訊息給遠端的電腦，要求它做某些事情。遠端電腦會傳送一個回應給用戶端。那些電腦與現今的用戶端和伺服器不一樣，但資訊的流動基本上是相同的：由用戶端請求一些資料，再從伺服器取得回應。

3 見 Dan Schafer 與 Jing Chen 一起演說的“Data Fetching for React Applications”，*https://www.youtube.com/watch?v=9sc8Pyc51uU*。

簡易物件存取通訊協定

Microsoft 在 1990 年代末期做出簡易物件存取協定（Simple Object Access Protocol，SOAP）。SOAP 使用 XML 來為傳輸用的訊息與 HTTP 編碼。SOAP 也使用一種型態系統，並引入“資源導向資料索取”的概念。SOAP 可提供可預測性極高的結果，但因為 SOAP 的做法相當複雜，所以造成一些麻煩。

REST

REST 應該是你目前最熟悉的 API 架構。REST 是 Roy Fielding 於 2000 年在加州大學爾灣分校發表的博士論文（*http://bit.ly/2j4SIKI*）中定義的。他描述了一個資源導向的架構，可讓使用者在這個架構中執行諸如 GET、PUT、POST 與 DELETE 等動作來處理網路資源。你可以將資源組成的網路當成一種**虛擬狀態機**，而那些動作（GET、PUT、POST、DELETE）是這個機制內的狀態改變。我們現在或許將它視為理所當然，但當時這是相當大的進步。（對了，Fielding 也拿到博士學位了。）

在 RESTful 架構中，路由（route）代表資訊。例如，向這些路由請求資訊可得到特定的回應：

```
/api/food/hot-dog
/api/sport/skiing
/api/city/Lisbon
```

REST 可讓我們用各種端點來建構資料模型，這種做法比之前的架構簡單多了。它提供了可在日漸複雜的網路環境中處理資料的新方法，卻不強制規定使用特定的資料回應格式。最初，REST 是與 XML 一起使用的。AJAX 原本是 Asynchronous JavaScript And XML 的縮詞，因為當時發出 Ajax 請求後得到的回應資料會被格式化成 XML（它現在是個獨立的單字，寫成“Ajax”）。這為網路開發者平添一個痛苦的步驟：為了在 JavaScript 中使用資料，他們必須先解析 XML 回應。

不久之後，Douglas Crockford 開發出 JavaScript Object Notation（JSON）並且將它標準化。JSON 不強制使用特定語言，它提供一種優雅的資料格式，讓許多不同的語言都可以解析和使用。Crockford 也著作 *JavaScript: The Good Parts*（*http://bit.ly/js-good-parts*）（O’Reilly，2008），讓我們知道 JSON 是很棒的成員。

REST 的影響是不可忽視的，它已經被用來建構無數的 API 了，各個軟體層面的開發者都曾經獲得它的幫助，有一些粉絲甚至喜歡討論“什麼是 RESTful，什麼不是”，以致於被稱為 *RESTafarians*。既然如此，為何 Byron、Schrock 與 Schafer 要踏上開創新事物的旅程？我們可以在 REST 的缺陷中尋找答案。

REST 的缺陷

當 GraphQL 第一次發表時，有些人吹捧它是 REST 的替代品。早期的採用者大喊“REST 已死！”，鼓勵我們將 REST API 丟在一旁。這是提升部落格點擊率與會議開場的好標題，但將 GraphQL 描繪成 REST 的殺手太過簡化了。比較深層的原因是，隨著網路的發展，REST 在某些狀況下已經顯露一些疲態了。GraphQL 正是為了緩解這些疲態而造就的。

Overfetch

假如我們要建立一個 app，並讓它使用 REST 版的 SWAPI 提供的資料。我們要先載入 1 號角色 Luke Skywalker 的一些資料[4]，為了取得這項資訊，我們可以向 *https://swapi.co/api/people/1/* 發出 GET 請求，得到的回應是這筆 JSON 資料：

```
{
  "name": "Luke Skywalker",
  "height": "172",
  "mass": "77",
  "hair_color": "blond",
  "skin_color": "fair",
  "eye_color": "blue",
  "birth_year": "19BBY",
  "gender": "male",
  "homeworld": "https://swapi.co/api/planets/1/",
  "films": [
    "https://swapi.co/api/films/2/",
    "https://swapi.co/api/films/6/",
    "https://swapi.co/api/films/3/",
    "https://swapi.co/api/films/1/",
    "https://swapi.co/api/films/7/"
  ],
  "species": [
    "https://swapi.co/api/species/1/"
  ],
```

4 請留意，這項 SWAPI 資料並未包含最新的星際大戰電影。

```
  "vehicles": [
    "https://swapi.co/api/vehicles/14/",
    "https://swapi.co/api/vehicles/30/"
  ],
  "starships": [
    "https://swapi.co/api/starships/12/",
    "https://swapi.co/api/starships/22/"
  ],
  "created": "2014-12-09T13:50:51.644000Z",
  "edited": "2014-12-20T21:17:56.891000Z",
  "url": "https://swapi.co/api/people/1/"
}
```

這是個龐大的回應，遠比 app 需要的資料還要多。我們只需要 name、mass 與 height 的資訊：

```
{
  "name": "Luke Skywalker",
  "height": "172",
  "mass": "77"
}
```

這是明顯的 *overfetch*（**過度擷取**）案例——取得許多不需要的資料。用戶端只需要三個資料點，卻得到包含 16 個鍵的物件，而且是透過網路傳送不需要的資訊。

在 GraphQL app 中，這個請求又是如何？我們仍然想要取得 Luke Skywalker 的 name、height 與 mass，如圖 1-3 所示。

```
query {
  person(personID:1) {
    name
    height
    mass
  }
}
```

```
{
  "data": {
    "person": {
      "name": "Luke Skywalker",
      "height": 172,
      "mass": 77
    }
  }
}
```

圖 1-3　Luke Skywalker query

左邊是我們發出的 GraphQL query，它只索取需要的欄位。右邊是收到的 JSON 回應，這一次它只有我們索取的資料，完全沒有需要經過基地台傳到手機的其他 13 個欄位。我們索取指定外形的資料，並收到那種外形的資料，不多也不少。這是比較宣告式的做法，因為不會收到無關的額外資料，所以可以更快速地得到回應。

Underfetch

我們的專案經理想要在 Star Wars app 中加入另一個功能，除了 name、height 與 mass 之外，也要顯示有 Luke Skywalker 這位角色的電影名單。當我們向 *https://swapi.co/api/people/1/* 請求資料之後，仍然需要發出其他的請求來取得更多資料，這代表我們 *underfetch*（擷取不足）。

為了取得每部電影的名稱，我們必須向 films 陣列內的每一個路由索取資料：

```
"films": [
  "https://swapi.co/api/films/2/",
  "https://swapi.co/api/films/6/",
  "https://swapi.co/api/films/3/",
  "https://swapi.co/api/films/1/",
  "https://swapi.co/api/films/7/"
]
```

我們要發出一個請求來索取 Luke Skywalker（`https://swapi.co/api/people/1/`），接著還要發出五個請求來取得每一部電影才能得到這一筆資料。索取每部電影時，我們也會得到一個大型的物件，而且這一次我們只想要一個值。

```
{
"title": "The Empire Strikes Back",
"episode_id": 5,
"opening_crawl": "...",
"director": "Irvin Kershner",
"producer": "Gary Kurtz, Rick McCallum",
"release_date": "1980-05-17",
"characters": [
  "https://swapi.co/api/people/1/",
  "https://swapi.co/api/people/2/",
  "https://swapi.co/api/people/3/",
  "https://swapi.co/api/people/4/",
  "https://swapi.co/api/people/5/",
  "https://swapi.co/api/people/10/",
  "https://swapi.co/api/people/13/",
  "https://swapi.co/api/people/14/",
  "https://swapi.co/api/people/18/",
```

```
    "https://swapi.co/api/people/20/",
    "https://swapi.co/api/people/21/",
    "https://swapi.co/api/people/22/",
    "https://swapi.co/api/people/23/",
    "https://swapi.co/api/people/24/",
    "https://swapi.co/api/people/25/",
    "https://swapi.co/api/people/26/"
  ],
  "planets": [
       //... 長串的路由
    ],
  "starships": [
       //... 長串的路由
    ],
  "vehicles": [
       //... 長串的路由
    ],
  "species": [
       //... 長串的路由
    ],
  "created": "2014-12-12T11:26:24.656000Z",
  "edited": "2017-04-19T10:57:29.544256Z",
  "url": "https://swapi.co/api/films/2/"
  }
```

如果我們想要列出電影的每位角色，就要發出更多的請求，在這個例子中，我們還要接觸 16 個路由，並產生 16 次的用戶端往返。每一個 HTTP 請求都會用到用戶端的資源，並過度擷取資料，造成更緩慢的使用者體驗，特別是使用慢速網路或裝置的使用者可能會完全無法看到內容。

GraphQL 處理擷取不足的方法是定義一個嵌套式的 query，接著一次請求所有的資料，如圖 1-4 所示。

```
1 ▾ query {
2 ▾   person(personID:1) {
3       name
4       height
5       mass
6 ▾     filmConnection {
7         films {
8           title
9         }
10      }
11    }
12  }
```

```
{
  "data": {
    "person": {
      "name": "Luke Skywalker",
      "height": 172,
      "mass": 77,
      "filmConnection": {
        "films": [
          {
            "title": "A New Hope"
          },
          {
            "title": "The Empire Strikes Back"
          },
          {
            "title": "Return of the Jedi"
          },
          {
            "title": "Revenge of the Sith"
          },
          {
            "title": "The Force Awakens"
          }
        ]
      }
    }
  }
}
```

圖 1-4　電影連結

我們只用一個請求來取得想要的資料。而且一如既往，query 的外形符合所收到資料的外形。

管理 REST 端點

眾人經常抱怨 REST API 的另一個地方是它缺乏彈性。當用戶端的需求改變時，你通常要建立新的端點，而且新端點可能會開始快速倍增。套句 Oprah 說過的名言："You get a route! You get a route! Every! Body! Gets! A! Route!"。

使用 SWAPI REST API 時，我們必須對許多路由發出請求，大型的 app 通常會使用自訂的端點來盡量減少 HTTP 請求，你可能會開始看到 `/api/character-with-movie-title` 這類的端點。設置新端點通常意味著前端與後端團隊必須進一步擬定計畫與進行更多的溝通，開發速度或許會因而減緩。

使用 GraphQL 時，典型的架構只有一個端點。單一端點可扮演閘道的角色並協調多個資料來源，但就算只有一個端點，我們仍然可以更輕鬆地組織資料。

在討論 REST 的缺陷時，有一個需要特別注意的地方在於許多機構都會同時使用 GraphQL 與 REST。設置 GraphQL 端點來從 REST 端點擷取資料是完全有效的 GraphQL 使用方式。在你的機構中逐漸漸進使用 GraphQL 是一種很好的做法。

現實世界的 GraphQL

許多公司都用 GraphQL 來改善它們的 app、網站與 API，GitHub 是早期就大量採用 GraphQL 的公司之一，它的 REST API 經歷三次變動，在公用 API 第 4 版時開始使用 GraphQL，GitHub 在官網（*https://developer.github.com/v4/*）提到，他們發現"能夠準確定義你需要的資料（而且只有你需要的）是它比 REST API v3 端點還要好的地方"。

其他的公司，例如 *The New York Times*、IBM、Twitter 與 Yelp 也信任 GraphQL，這些團隊的開發者也經常在會議上宣揚 GraphQL 的好處。

目前至少有三個專門以 GraphQL 為主題的會議：舊金山的 GraphQL Summit、赫爾辛基的 GraphQL Finland 與柏林的 GraphQL Europe。GraphQL 社群目前仍然藉由區域性的聚會與各種軟體會議持續成長中。

GraphQL 用戶端

我們已經多次談到，GraphQL 只是一種規格。它不在乎與它一起使用的究竟是 React 還是 Vue、或是 JavaScript，甚至是瀏覽器。GraphQL 對一些特定的主題有一些意見，但除此之外，如何設計架構由你自行決定。這導致一些工具的出現，讓你在規格之外的領域有一些選擇。接著討論 GraphQL 用戶端。

GraphQL 用戶端旨在加速開發團隊的工作流程，並改善 app 的效率與性能。它們可處理諸如網路請求、資料快取，以及將資料注入使用者介面等工作。市面上有許多 GraphQL 用戶端選項，但這個領域的領導者是 Relay（*https://facebook.github.io/relay/*）與 Apollo（*https://www.apollographql.com/*）。

Relay 是 Facebook 製作的用戶端，它是與 React 和 React Native 一起運作的。Relay 是 React 元件與 GraphQL 伺服器回傳的資料之間的連接組織。Facebook、GitHub、Twitch 以及許多其他公司都使用 Relay。

Apollo Client 是社群團體 Meteor Development Group 為了建立更全面的 GraphQL 周邊工具而開發的。Apollo Client 支援所有主要的前端開發平台，不限定任何特定的框架。Apollo 也開發了一些協助建構 GraphQL 服務和改善後端服務效能的開發工具，以及監控 GraphQL API 性能的工具組。Airbnb、CNBC、*The New York Times* 與 Ticketmaster 等公司都在產品中使用 Apollo Client。

這是個龐大且正在持續成長的生態系統，不過好消息是 GraphQL 已經是個相當穩定的標準了。接下來的章節將討論如何編寫 schema 與建立 GraphQL 伺服器。本書的 GitHub 存放區有一些學習資源可以在過程中協助你：*https://github.com/moonhighway/learning-graphql/*。你可以在那裡找到實用的連結、範例，以及按章整理的專案檔案。

在深入探討如何使用 GraphQL 之前，我們要討論一些關於圖論（graph theory）的知識，以及 GraphQL 底層概念的豐富歷史。

第二章

圖論

鬧鐘響了，你看了一下手機，當你關掉鈴聲時，看到兩則通知，有十五個人喜歡你昨晚寫的推特文章，太棒了！有三個轉推它，太太棒了！你突然想起一張圖（如圖 2-1 所示）。

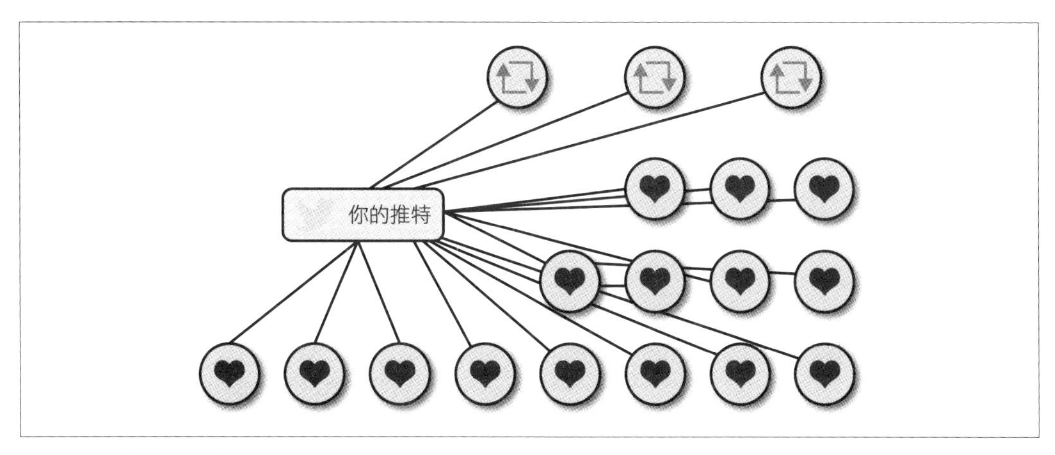

圖 2-1 推特連結與轉推圖

你狂奔上樓，企圖追上停在 Irving Park 的芝加哥捷運列車。你在門關上的瞬間進入車箱，好極了！列車將一站又一站地帶你前進。

車門在每一站打開與關閉。你到達的第一站是 Addison，接著是 Paulina、Southport 與 Belmont。在 Belmont 時，你走到別的月台，搭乘紅線。在紅線，你又坐了兩站：Fullerton 與 North/Clybourn。圖 2-2 是帶著你上班的圖。

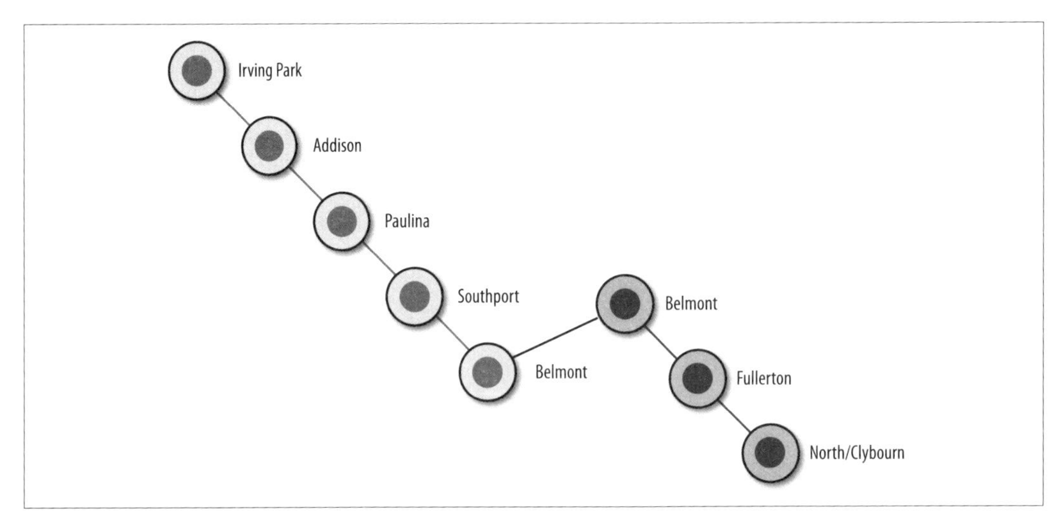

圖 2-2　芝加哥捷運圖

電話鈴聲響起時，你搭乘的電梯剛好到達街道那一層。電話是妹妹打來的，她說她要買車票，參加爺爺在 7 月的八十大壽生日聚會。“是媽的爸爸還是爸的爸爸？”你問道。“爸的，但我認為媽的父母也會參加，Linda 姑姑與 Steve 叔叔也會來。”你開始描繪將要參加的人。這場聚會產生另一張圖：家譜。見圖 2-3。

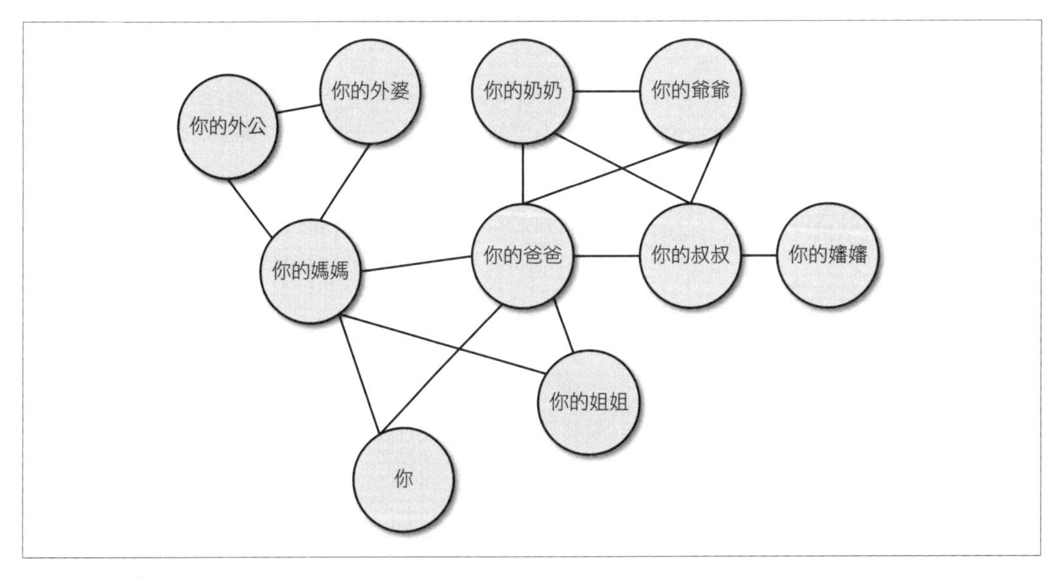

圖 2-3　家譜

你很快就發現到處都有圖的存在。你可以在社群媒體 app、路線圖及下雪日的電話樹（phone trees）看到它們，也可以在壯觀的星座圖中發現它，如圖 2-4 所示。

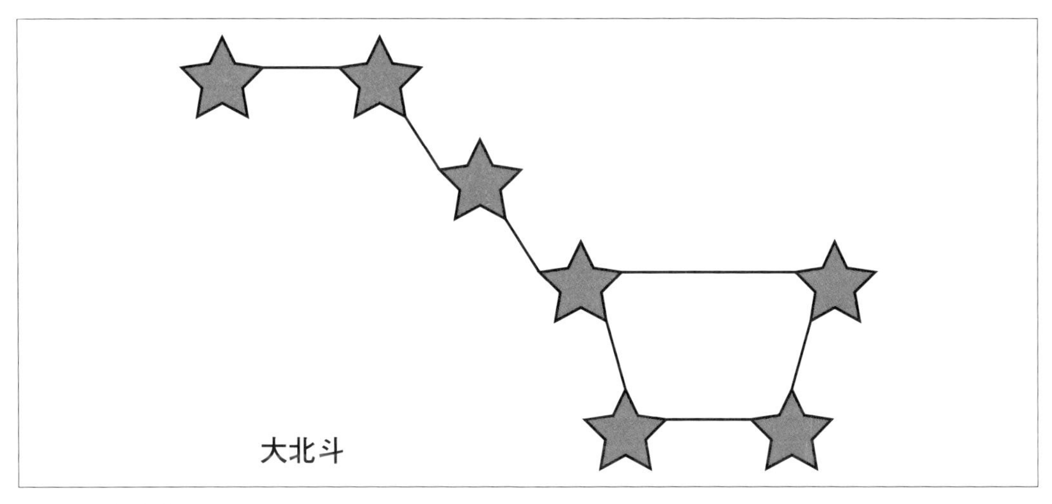

圖 2-4　大北斗

圖 2-5 是自然界最小的組件。

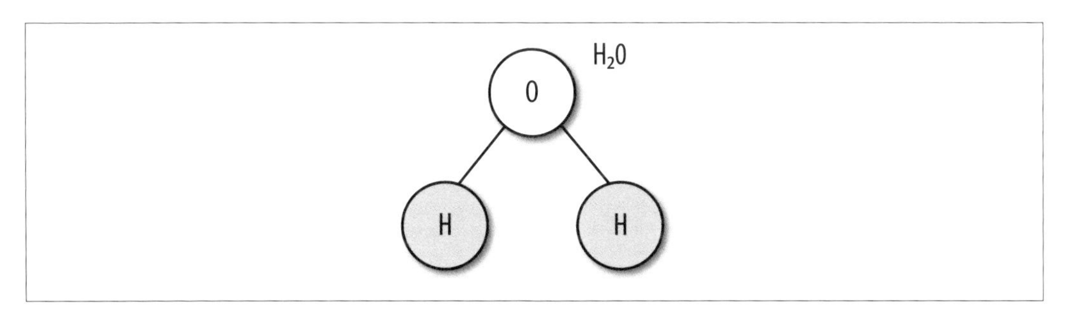

圖 2-5　H_2O 圖

我們的周遭充斥各種圖，因為它們是描繪互聯項目、人、概念或資料的好方法。但圖的概念從何而來？為了探究這件事，我們來仔細瞭解**圖論**與它在數學中的起源。

你並非一定要瞭解圖論的所有細節才能成功地使用 GraphQL。我不會提供習題，但是我認為加入一些額外的內容來研究這些概念背後的歷史淵源是很有趣的！

圖論術語

圖論是關於圖的學問。我們用圖來代表一群互聯物件。你可以將圖視為一種物件，它的裡面有資料點和它們的聯結。在電腦科學中，圖通常用來描述資料網路。圖 2-6 是一張圖的外觀。

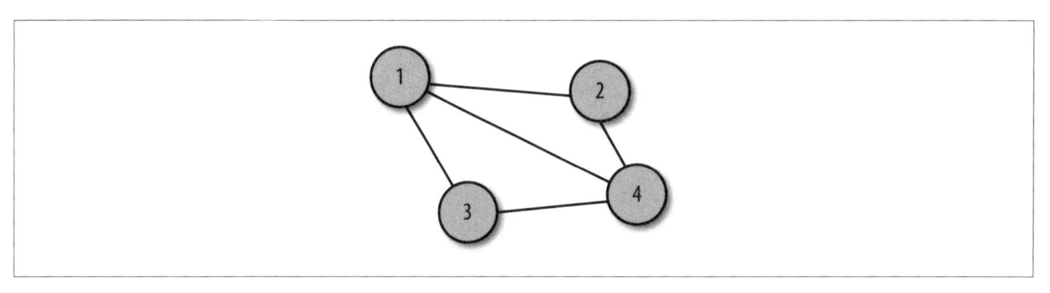

圖 2-6　圖

這張圖有四個代表資料點的圓圈。在圖的術語中，它們稱為**節點**（*node*）或**端點**（*vertice*）。節點之間的線條或連結稱為**邊**（*edge*），這張圖有五個[1]。

用等式來表示，圖是 $G = (V, E)$。

使用最簡單的縮寫來表示，G 代表圖，V 代表一組端點或節點。在這張圖中，V 等於：

```
vertices = { 1, 2, 3, 4}
```

E 代表一組邊。邊是用一對節點來表示的。

```
edges = { {1, 2},
          {1, 3},
          {1, 4},
          {2, 4},
          {3, 4} }
```

重新排列這些成對的邊會發生什麼事？例如：

```
edges = { {4, 3},
          {4, 2},
          {4, 1},
          {3, 1},
          {2, 1} }
```

1　要瞭解關於節點與邊的其他知識，可參考 Vaidehi Joshi 的部落格文章 "A Gentle Introduction to Graph Theory"（*https://dev.to/vaidehijoshi/a-gentle-introduction-to-graph-theory*）。

就這個例子而言，圖是一樣的，如圖 2-7 所示。

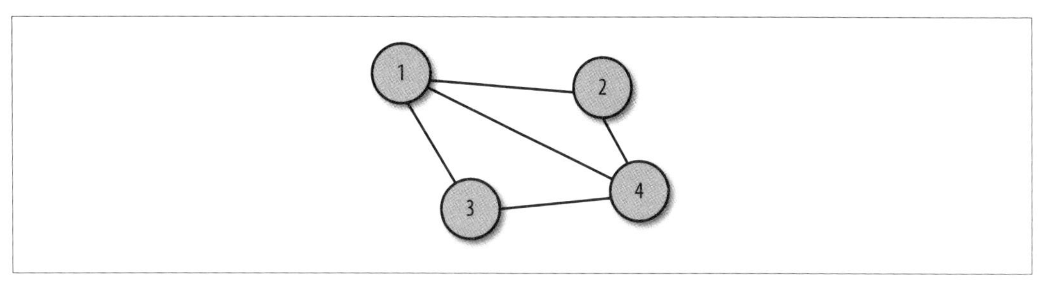

圖 2-7　圖

上面的方程式仍然代表這張圖，因為節點之間沒有方向或階層。在圖論中，我們將這種圖稱為**無向圖**（*undirected graph*）（*https://algs4.cs.princeton.edu/41graph/*）。邊的定義（或資料點之間的連結）稱為**無序對**（*unordered pair*）。

在遍歷或造訪這張圖的各個節點時，你可以從任何地方開始，往任何方向走，在任何地方結束。這些資料不依循明確的數字順序，因此，無向圖是一種非線性資料結構。接下來是另一種圖，**有向圖**（*directed graph*），如圖 2-8 所示。

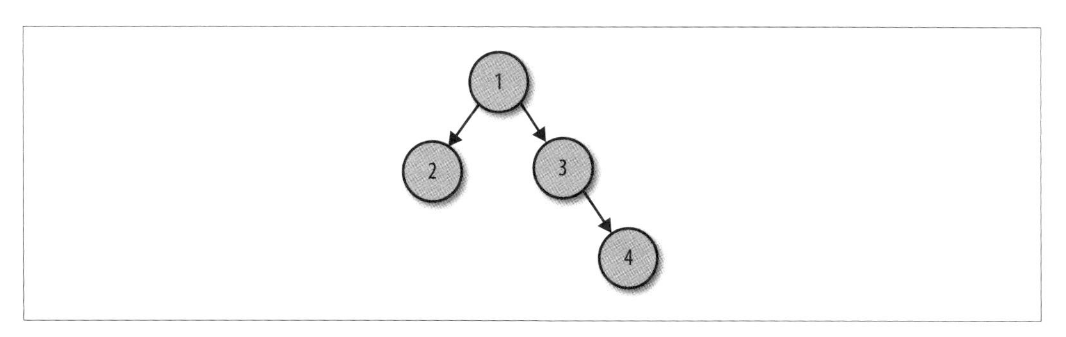

圖 2-8　有向圖

這張圖的節點編號與之前一樣，但邊看起來不同，它們是箭頭，不是直線。這張圖的節點之間有方向性或流向（flow）。我們用這種方式來表示它：

```
vertices = {1, 2, 3, 4}
edges = ( {1, 2},
          {1, 3}
          {3, 4} )
```

結合起來，這張圖的方程式是：

```
graph = ( {1, 2, 3, 4},
          ({1, 2}, {1, 3}, {3, 4}) )
```

請留意，我們將成對的節點放在小括號裡面，而不是大括號。小括號代表這些邊是**有序對**（*ordered pair*）。當邊是有序對時，圖就是有向圖（directed graph），或稱為 *digraph*。重新排列這些有序對會發生什麼事？這張圖會像無向圖的例子一樣，看起來與原本的圖相同嗎？

```
graph = ( {1, 2, 3, 4},
          ( {4, 3}, {3, 1}, {1, 2} ) )
```

我們可以看到，最後圖的根節點 4 有很大的差異，見圖 2-9。

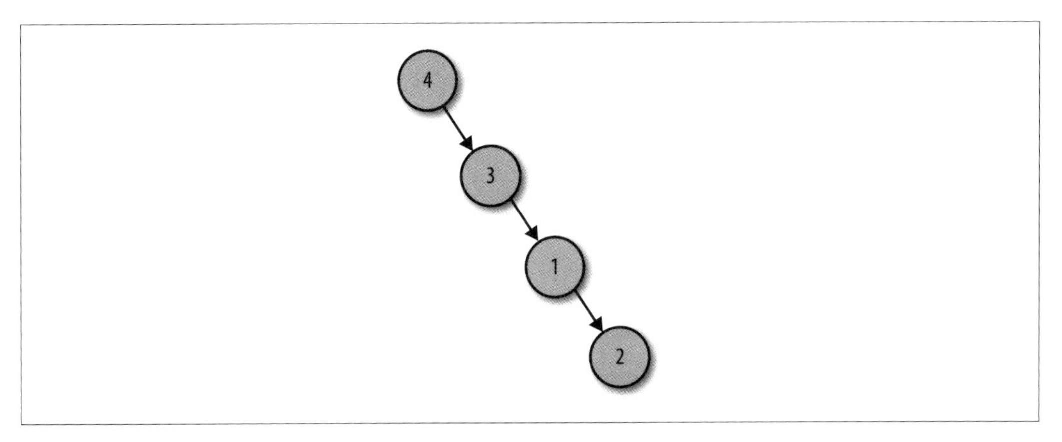

圖 2-9　有向圖

要遍歷這張圖，你必須從節點 4 開始按照箭頭的方向前往圖的每一個節點。我們可以將節點遍歷過程視為物理移動來協助將過程視覺化。事實上，物理遍歷是圖論概念的源頭。

圖論歷史

圖論可追溯到 1735 年，普魯士的柯尼斯堡（*http://bit.ly/2AQhU47*）。由於 Pregel 河流經這座城鎮，讓它成為航運樞紐，它有兩個大島與連接四塊陸地的七座橋樑，如圖 2-10 所示。

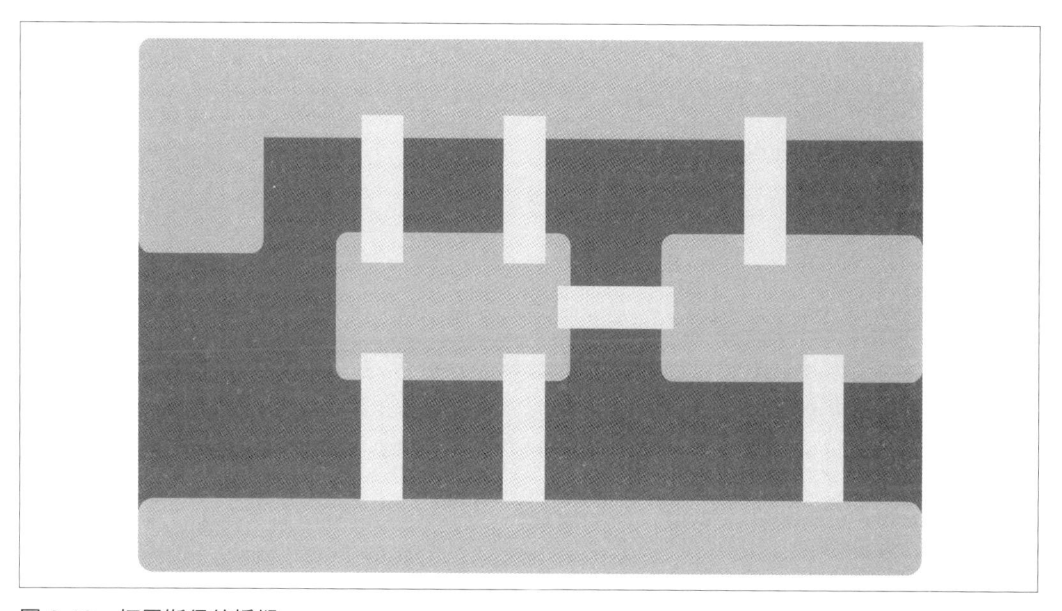

圖 2-10　柯尼斯堡的橋樑

柯尼斯堡是座美麗的小鎮，居民喜歡在星期天外出，漫步橋上，呼吸新鮮空氣。隨著時間的推移，居民很想要解決一個謎題：如何在“不在橋上往回走”的情況下走完七座橋？他們想要在不重覆經過每座橋樑的前提下前往每座島且經過每座橋樑，但發現無法做到。為了尋求問題的解決之道，他們拜訪了 Leonhard Euler。Euler 是位學識淵博的瑞士數學家，在一生中曾經出版 500 本書籍與論文。

身為一位天才，Euler 對這個看起來很平凡的問題興致缺缺。但是稍微思考之後，Euler 與居民一樣產生濃厚的興趣，想要搞清楚這個問題。Euler 認為與其寫下每一條可能的路徑，或許研究陸地之間的連結（橋樑）比較簡單，見圖 2-11。

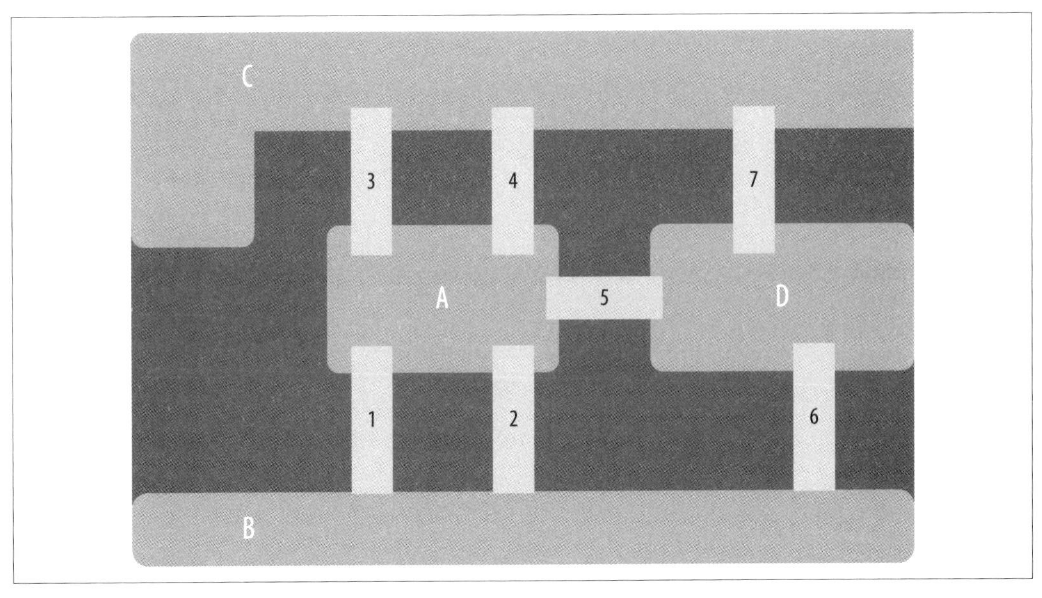

圖 2-11　柯尼斯堡橋樑編號

接著他進一步簡化，將橋樑與陸地畫成我們認識的“圖”，如圖 2-12 所示。

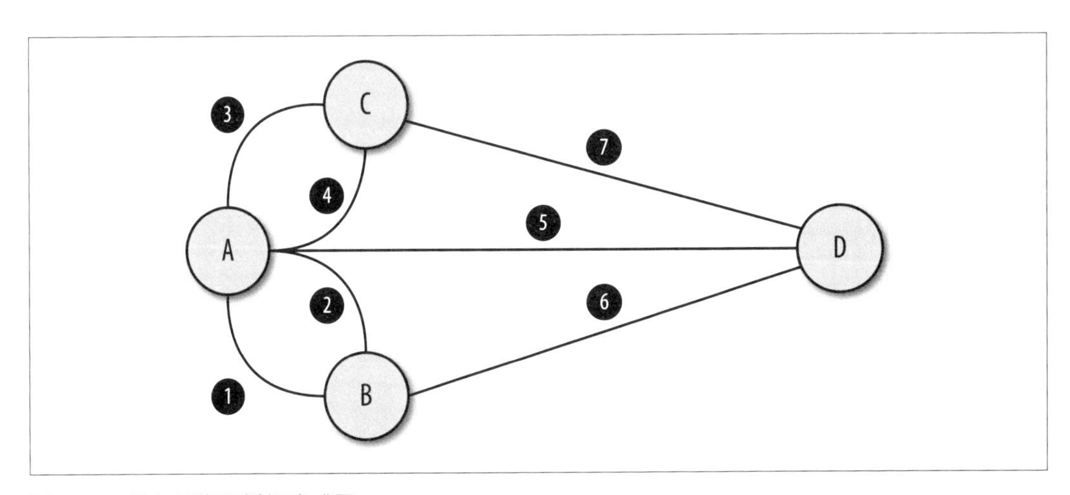

圖 2-12　將柯尼斯堡橋樑畫成圖

在圖 2-12 中，A 與 B 是**相鄰的**，因為有一條邊將它們連在一起。使用這些邊，我們可以計算每一個節點的**度數**（*degree*）。節點的度數等於與該節點連接的邊數。我們可以從這個問題的節點發現到它們的度數都是奇數。

- A：有五條邊連接鄰點（奇數）
- B：有三條邊連接鄰點（奇數）
- C：有三條邊連接鄰點（奇數）
- D：有三條邊連接鄰點（奇數）

因為每一個節點的度數都是奇數，Euler 發現在不重覆經過各個橋樑的情況下走完每座橋樑是不可能做到的。簡單來說：如果你走某座橋到一座島，就必須走不同的橋離開那座島。如果你不想要重覆走某座橋，度數或橋的數量就必須是偶數的。

現在，如果一張圖的每條邊都只會被造訪一次，我們將那張圖稱為 *Eulerian* **路徑**。為了符合這個條件，無向圖必須有兩個頂點的度數是奇數，或所有頂點的度數都是偶數。我們有兩個奇數度數的頂點 (1, 4)，如圖 2-13 所示。

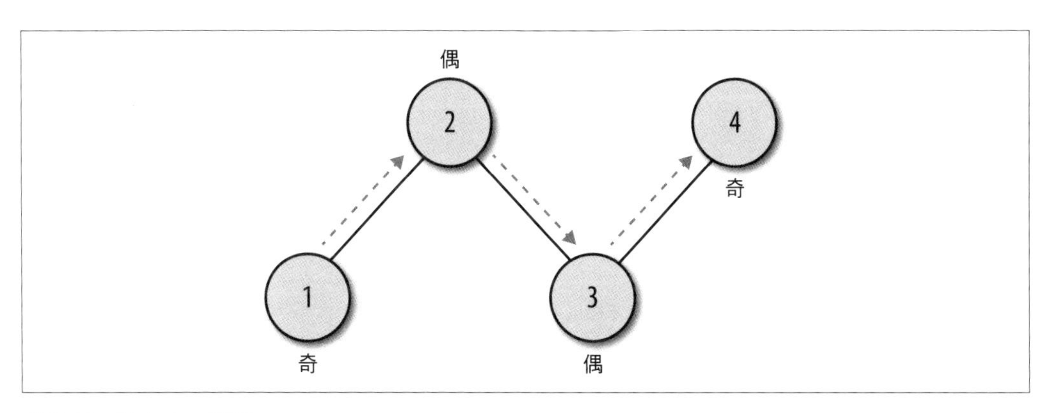

圖 2-13　Eulerian 路徑

與 Euler 有關的另一個概念是環（circuit）或 *Eulerian* **環**，它代表開始節點與結束節點是一樣的。這種圖的每個邊都只會被經過一次，但是開始與結束節點是一樣的（圖 2-14）。

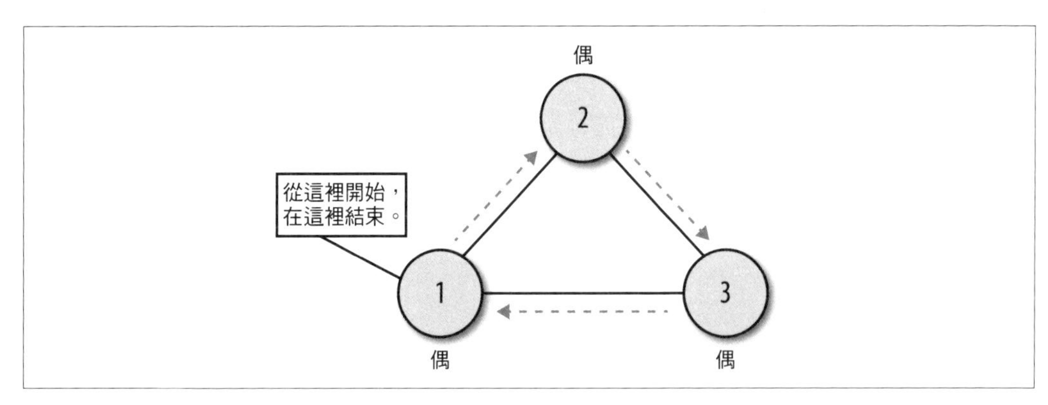

圖 2-14　Eulerian 環

柯尼斯堡橋樑問題是圖論的第一個理論，Euler 除了被視為圖論的創始者之外，也是常數 *e* 與**虛數** *i* 的創造者。就連數學函數寫法 *f(x)*，將函數 *f* 套用到變數 *x*，也可以追溯到 Leonhard Euler[2]。

柯尼斯堡問題描述的是一座橋樑不能經過兩次以上，它並未規定旅程只能在特定的節點開始或結束，這意味著這個問題是無向圖遍歷的習題。如果你要解決的橋樑問題必須從特定的節點開始，該怎麼做？

如果你住在 B 島，那裡必然是你開始旅程的地方。此時，你處理的是有向圖，或者更常見的稱謂是“樹”。

樹是圖

我們來研究另一種類型的圖：樹。樹是一種圖，它裡面的節點都是分層排列的。如果你看到根節點，就可以知道那是一棵樹。換句話說，根是樹開始的地方，其他的節點都會連接根，成為它的子節點。

接下來是一張組織圖，它是一棵典型的樹。圖中，CEO 在最上面，其他的員工都在 CEO 下面。CEO 是樹的根，其他的節點都是根節點的子節點，如圖 2-15 所示。

2　要進一步瞭解 Euler 與他的作品，可參考 *http://www.storyofmathematics.com/18th_euler.html*。

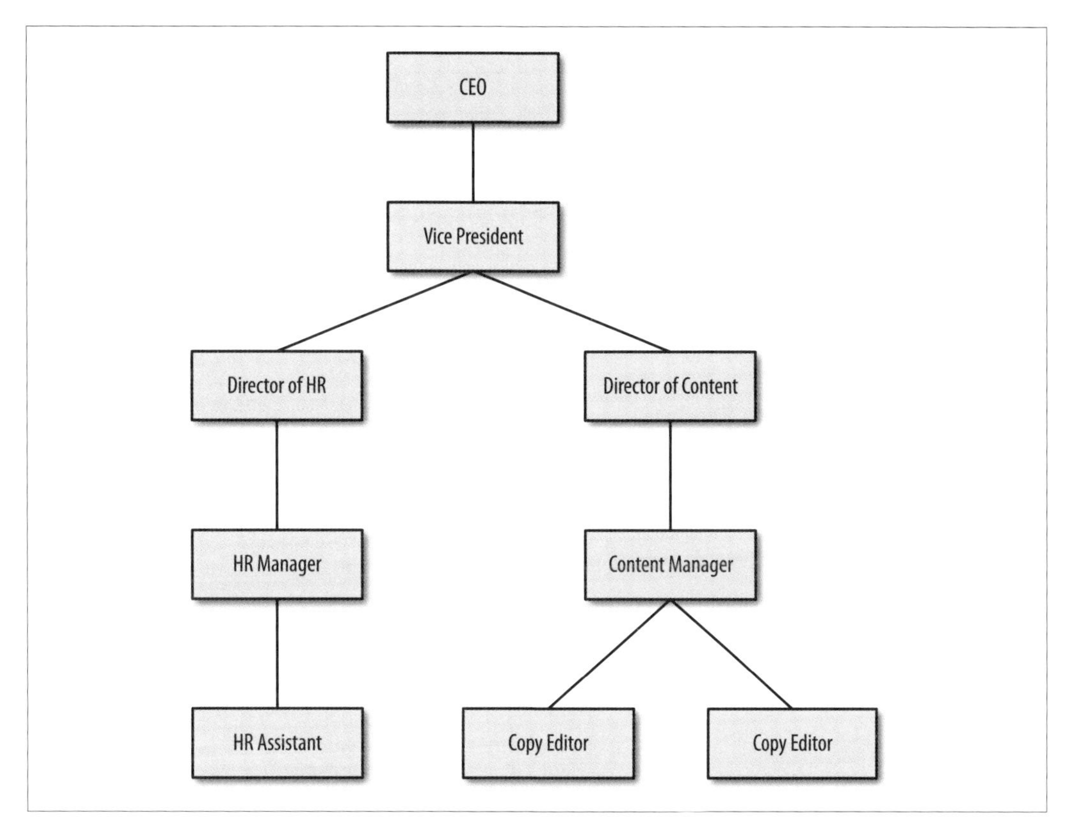

圖 2-15　組織圖

樹有許多用途。樹可用來表示家譜、決策演算法、協助快速且有效地取得資料庫中的資訊。有一天你可能會在做新工作時不得不翻轉在白板上的二元樹給旁邊的五個人看，然後就再也不用做同樣的事情了。

你可以根據一張圖究竟有沒有根節點或開始節點來判斷它是不是樹。樹從根節點開始以邊連接子節點。當節點有相連的子節點時，那個節點稱為父節點。當子節點有子節點時，那個節點稱為分支。沒有子節點的節點稱為葉節點。

節點含有資料點。因此，為了快速存取資料，瞭解資料在樹的哪裡很重要。為了快速找到資料，我們要計算各個節點的**深度**。節點的深度代表節點離樹根多遠。細看一下樹 `A -> B -> C -> D`。為了找出節點 C 的深度，我們要計算 C 與根之間的連結數。C 與根 (A) 之間有兩個連結，所以節點 C 的深度是 2，節點 D 的深度是 3。

樹的階層結構意味著樹通常含有其他的樹。在樹裡面的樹稱為子樹。HTML 網頁通常有多個子樹。這種樹的根是 `<html>` 標籤。這棵樹有兩個子樹，左子樹的根是 `<head>`，右子樹的根是 `<body>`。從那裡開始，`<header>`、`<footer>` 與 `<div>` 都是各個子樹的根。藉由多次嵌套，我們有許多子樹，如圖 2-16 所示。

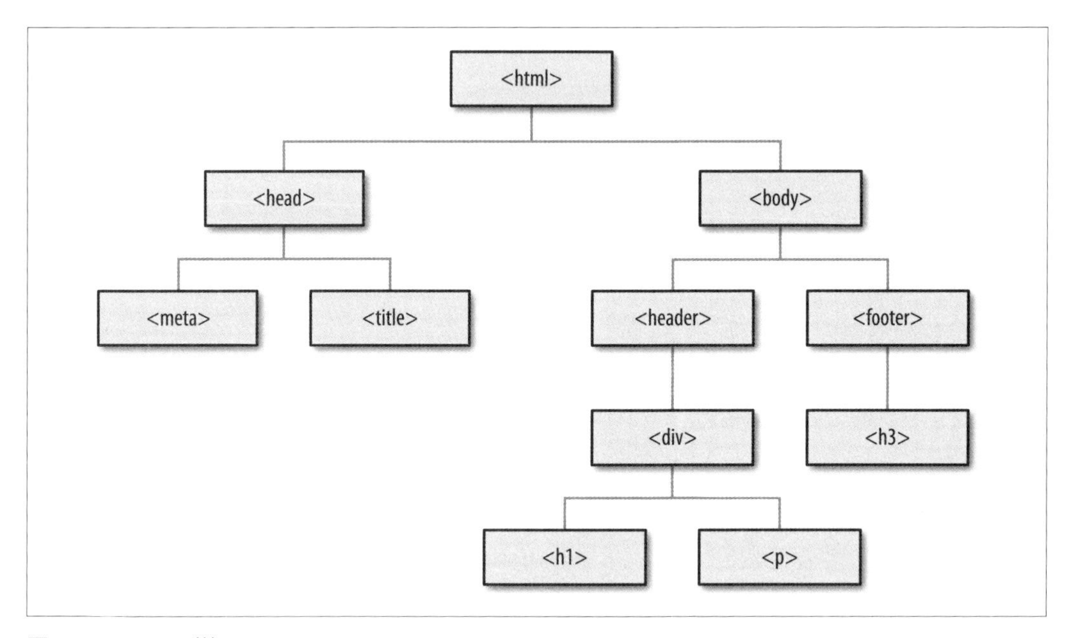

圖 2-16　HTML 樹

如同樹是圖的特殊類型，**二元樹**（*binary tree*）是樹的特殊類型。二元樹代表每一個節點的子節點都不超過兩個。談到二元樹時，我們通常會提到**二元搜尋樹**[3]。二元搜尋樹是一種採取特定有序規則的二元樹。這些有序規則與樹結構可協助我們快速找到需要的資料。圖 2-17 是個二元搜尋樹的案例。

3　見 Vaidehi Joshi 的部落格文章，"Leaf It Up to Binary Trees"。（*http://bit.ly/2vQyKd5*）

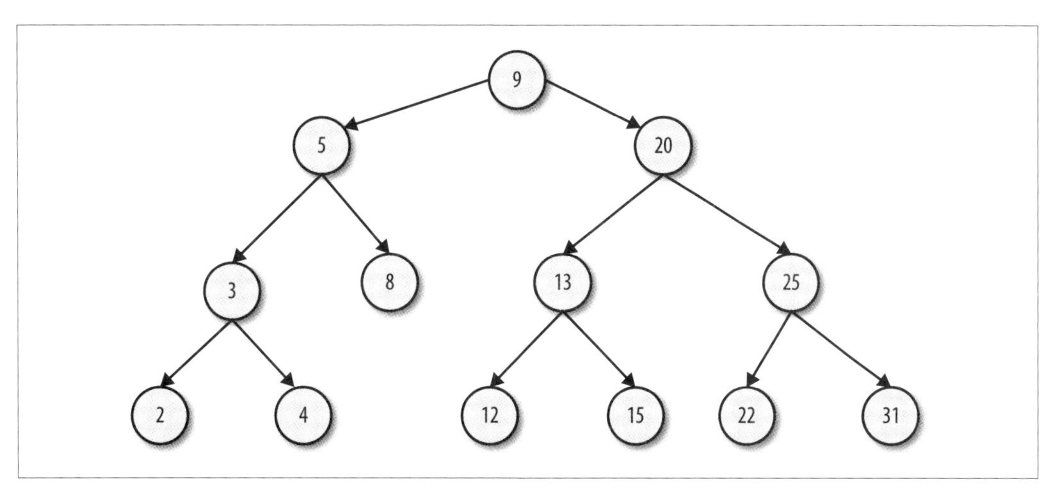

圖 2-17　二元搜尋樹

它有一個根節點，並遵循“每一個節點的子節點不超過兩個”這條規則。假如我們想要找到節點 15，不使用二元搜尋樹的話，就要逐一造訪各個節點，直到找到節點 15 為止。或許我們很幸運，很快就找到正確的路徑了；或許沒那麼幸運，需要低效率地在樹裡面走回頭路。

若使用二元搜尋樹，我們可以藉由瞭解關於左右邊的規則，巧妙地找到節點 15 的位置。如果我們從根（9）開始走，會先問“15 大於還是小於 9 ？”，如果答案是小於，我們就往左走，如果答案是大於，就往右走。15 大於 9，所以我們往右走，藉此，我們排除一半需要搜尋的樹節點。在那裡，我們看到節點 20，15 大於還是小於 20 ？如果答案是小於，我們要往左走，再次排除一半剩餘的節點。現在來到節點 13，15 大於還是小於 13 ？答案是大於，所以往右走。找到它了！藉由使用左與右來排除選項，我們可以快速許多地找到想要的資料。

現實世界的圖

你每一天都可能會遇到這些圖論概念，取決於你要用 GraphQL 來做什麼工作。你或許只是用 GraphQL 來高效率地將資料載入使用者介面。無論如何，它們都是 GraphQL 專案背後的概念。如同我們看到的，圖特別適合處理有大量資料點的 app 的工作，你可以想一下 Facebook 的情形，瞭解圖論術語之後，我們知道 Facebook 的每個人都是一個節點。當某人與別人連結時，他們會透過一條邊來建立一個雙向連結。Facebook 是張無向圖。當我連結 Facebook 的某人時，他就會與我連結。我跟好朋友 Sarah 的連結是個雙向連結，我們互為好友（如圖 2-18 所示）。

圖 2-18　Facebook 無向圖

作為一張無向圖，Facebook 圖的每一個節點都是一張眾多互連關係組成的網路（社群網路）的一部分。你會與你的所有朋友連結。在同一張圖中，這些朋友會與他們的所有朋友連結。你可以在任何節點開始與結束遍歷（圖 2-19）。

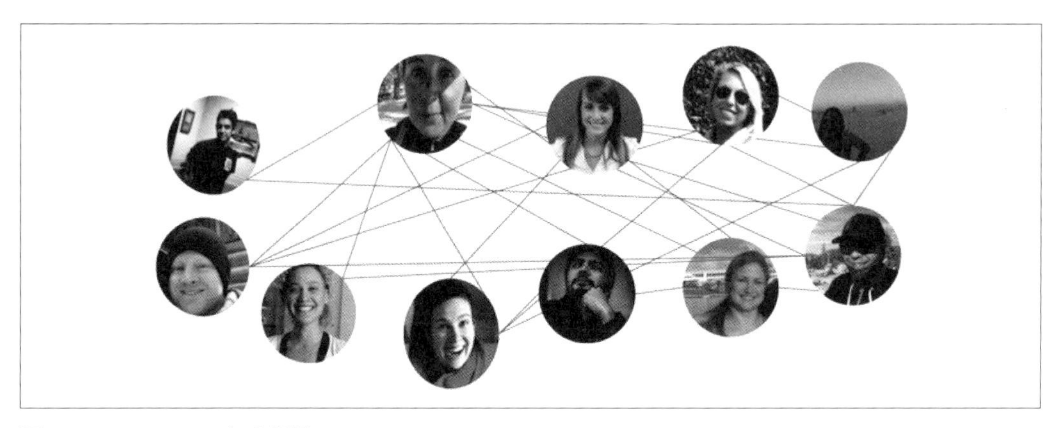

圖 2-19　Facebook 無向網路

另一個案例是 Twitter。不同於所有人都以雙向連結來配對的 Facebook，Twitter 是張有向圖，因為每個連結都是單向的，如圖 2-20 所示。當你追隨 Michelle Obama 時，她可能不會反過來追隨你，即使她一向樂意這麼做（@eveporcello（*https://twitter.com/eveporcello*）、@moontahoe（*https://twitter.com/moontahoe*））。

圖 2-20　Twitter 圖

每當有人查看她的所有朋友關係時，她就變成樹的根，她與她的朋友相連，接著，她的朋友們在各個子樹中與他們的朋友相連（圖 2-21）。

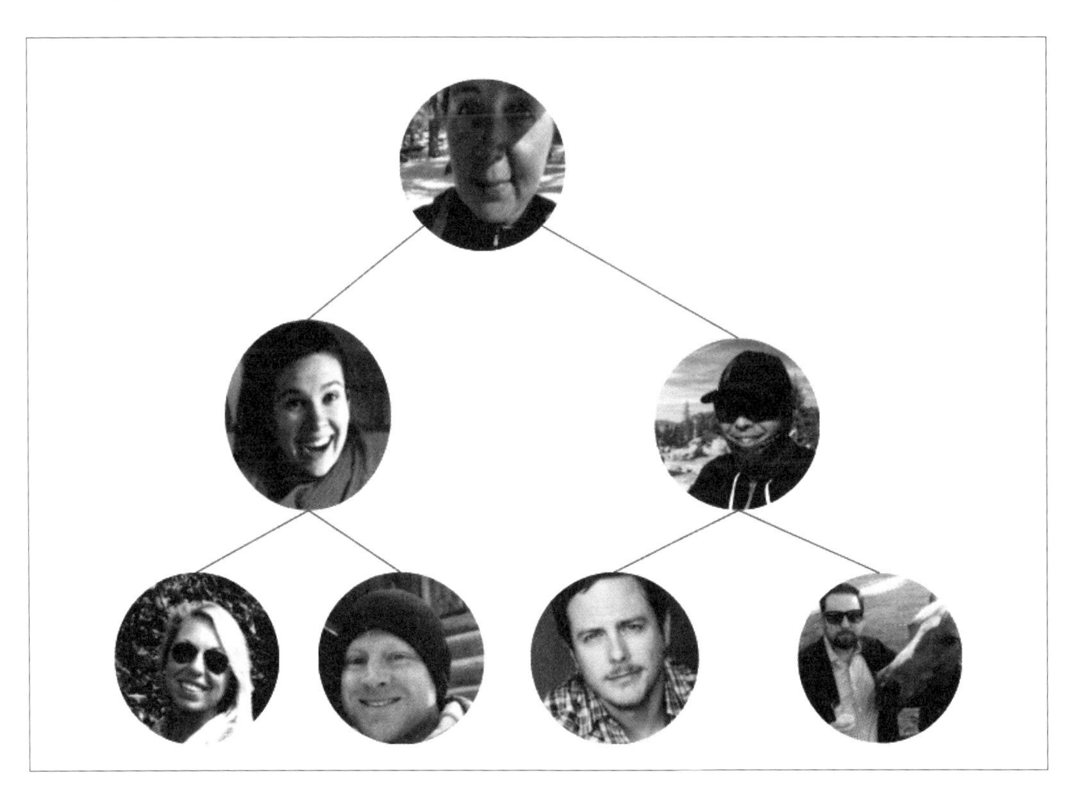

圖 2-21　朋友樹

在 Facebook 圖中，對任何其他人來說也是如此。只要你單獨查看某人，並索取他的資料，這個請求看起來就像棵樹。那個人在樹根，你想要取得的所有資料都是子節點。在這個請求中，人藉由一條邊連接他的所有朋友：

- person
  - name
  - location
  - birthday
  - friends
    - friend name
    - friend location
    - friend birthday

這個結構看起來很像個 GraphQL query：

```
{
    me {
        name
        location
        birthday
        friends {
            name
            location
            birthday
        }
    }
}
```

我們使用 GraphQL 的目的是為了藉由發出資料 query 來簡化複雜的資料圖。在下一章，我們要更深入地研究 GraphQL query 的工作機制，以及如何用型態系統來驗證 query。

第三章

GraphQL 查詢語言

在 GraphQL 開放原始碼之前 45 年，IBM 的員工 Edgar M. Codd 發表了一篇相當簡短，但標題很長的論文："A Relational Model of Data for Large Shared Databanks"（*http://bit.ly/2Ms7jxn*），論文的標題不活潑，但描述了一些強大的概念。它提出以表格來儲存和操作資料的模型。不久之後，IBM 開始製作一個可用**結構化英文查詢語言**（*Structured English Query Language*，*SEQUEL*）來查詢的關聯式資料庫，後來這種語言簡稱為 *SQL*。

SQL，或結構化查詢語言（Structured Query Language），是一種用來存取、管理與操作資料庫內資料的領域專用語言（domain-specific language）。SQL 導入"以單一指令來存取多筆記錄"的概念，也可以讓你用任何鍵來存取任何紀錄，而不是只能使用 ID。

SQL 可執行的指令相當簡單：SELECT、INSERT、UPDATE 與 DELETE。你只能對資料做這些事情。使用 SQL 時，我們可以編寫一條查詢指令來取得在資料庫的資料表內互相連接的資料。

"資料只能讀取、建立、更新或刪除"這個概念確實成就了 REST，這個概念要求我們基於這四種基本的資料操作法來使用不同的 HTTP 方法：GET、POST、PUT 與 DELETE。但是，如果你想要指定用 REST 來讀取或改變哪一種類型的資料，唯一的方式就是透過端點 URL，不能用實際的查詢語言。

GraphQL 將原本用來查詢資料庫的概念應用在網際網路上。你只要用一個 GraphQL query 就可以回傳彼此相連的資料。你可以像 SQL 那樣使用 GraphQL query 來改變或移除資料。畢竟，SQL 與 GraphQL 的 QL 代表同一個東西：Query Language（查詢語言）。

雖然 GraphQL 與 SQL 都是查詢語言，但它們完全不同，它們適用於完全不同的環境。SQL query 是傳給資料庫的，而 GraphQL query 是傳給 API 的。SQL 資料存放在資料表內，GraphQL 資料可存放在任何地方：資料庫、多個資料庫、檔案系統、REST API、WebSocket，甚至其他的 GraphQL API。SQL 是資料庫的查詢語言，GraphQL 是網際網路的查詢語言。

GraphQL 與 SQL 的語法也完全不同。GraphQL 使用 `Query` 來請求資料，而不是 SELECT，這項操作是 GraphQL 完成的每項工作的核心。GraphQL 將所有的資料改變都包成一種資料型態：`Mutation`，而不是使用 INSERT、UPDATE 或 DELETE。因為 GraphQL 是讓網際網路使用的，它有一種 `Subscription` 型態可用來監聽通訊端連結上的資料變動。SQL 沒有類似訂閱的東西。SQL 如同長得與孫子完全不一樣的爺爺，但我們知道他們兩人有血緣關係，因為他們同姓。

GraphQL 是按照規格來標準化的。無論你使用哪一種程式語言都可以：GraphQL 查詢單純是個 GraphQL 查詢。查詢語法是個字串，無論你的專案使用 JavaScript、Java、Haskell 或任何其他東西，它看起來都一樣。

query 只是放在 POST 請求的內文中送給 GraphQL 端點的字串。下面是一個 GraphQL query，它是用 GraphQL 查詢語言寫成的字串：

```
{
  allLifts {
    name
  }
}
```

你要用 *curl* 將這個 query 送給一個 GraphQL 端點：

```
curl  'http://snowtooth.herokuapp.com/'
  -H 'Content-Type: application/json'
  --data '{"query":"{ allLifts {name }}"}'
```

如果 GraphQL schema 支援這種外形的 query，你就可以直接在終端機收到一個 JSON 回應。那個 JSON 回應有你請求的 `data` 欄位中的資料，或者，在發生錯誤時有個 `errors` 欄位。我們發出一個請求，收到一個回應。

若要修改資料，你可以傳送 *mutation*（變動）。mutation 長得很像 query，但它的目的是改變關於 app 整體狀態的事物。你可以使用 mutation 直接傳送執行改變所需的資料，例如：

```
mutation {
  setLiftStatus(id: "panorama" status: OPEN) {
    name
    status
  }
}
```

上面的 mutation 是用 GraphQL 查詢語言寫成的，我們希望用它將 id 為 `panorama` 的纜椅改為 `OPEN` 狀態。我們一樣用 cURL 將這項操作送給 GraphQL 伺服器：

```
curl 'http://snowtooth.herokuapp.com/'
  -H 'Content-Type: application/json'
  --data '{"query":"mutation {setLiftStatus(id: \"panorama\" status: OPEN) {name status}}"}'
```

稍後你會看到，我們可用許多更好的方法將變數對應到 query 或 mutation。本章的重點是說明如何使用 GraphQL 建構 query、mutation 與 subscription（訂閱）。

GraphQL API 工具

GraphQL 社群建立了一些可用來和 GraphQL API 互動的開放原始碼工具。這些工具可讓你用 GraphQL 查詢語言來編寫 query、將這些 query 送到 GraphQL 端點，以及查看 JSON 回應。下一節將介紹兩種可對著 GraphQL API 測試 GraphQL query 的熱門工具：GraphiQL 與 GraphQL Playground。

GraphiQL

GraphiQL 是 Facebook 建造的瀏覽器內部整合式開發環境（IDE），可用來查詢與瀏覽 GraphQL API。GraphiQL 提供了語法突顯、程式自動完成及錯誤警告等功能，可讓你直接在瀏覽器中執行與查看查詢結果。許多公用的 API 都提供 GraphiQL 介面以供查詢即時資料。

它的介面相當簡單，裡面有一個可讓你編寫 query 的面板、一個用來執行它的播放按鈕，以及一個顯示回應的面板，如圖 3-1 所示。

圖 3-1　GraphiQL 介面

query 是以 GraphQL Query Language 寫成的文字。我們將這些文字稱為**查詢文件**（*query document*）。你要將查詢文字放在左面板中。一個 GraphQL 文件可包含一或多個**操作**（*operation*）的定義。操作可能是 `Query`、`Mutation` 或 `Subscription`。圖 3-2 是將一個 `Query` 操作加入文件的做法。

圖 3-2　GraphiQL 查詢

按下 Play 按鈕來執行這個查詢之後，你會在右面板收到一個 JSON 格式的回應（圖 3-3）。

GraphiQL Prettify History ❮ Docs

```
1 {
2   hello
3 }
```

```
{
  "data": {
    "hello": "hi!"
  }
}
```

圖 3-3　GraphiQL

你可以按下右上角的按鈕來打開 Docs 視窗，它裡面定義了與目前的服務互動時需要知道的每一件事。這個文件是被自動加入 GraphiQL 的，因為它是從服務的 schema 讀出來的。schema 定義了服務可提供的資料，而 GraphiQL 會對 schema 執行一個自我查詢來自動建構文件。你永遠都可以在 Documentation Explorer 中查看這份文件，如圖 3-4 所示。

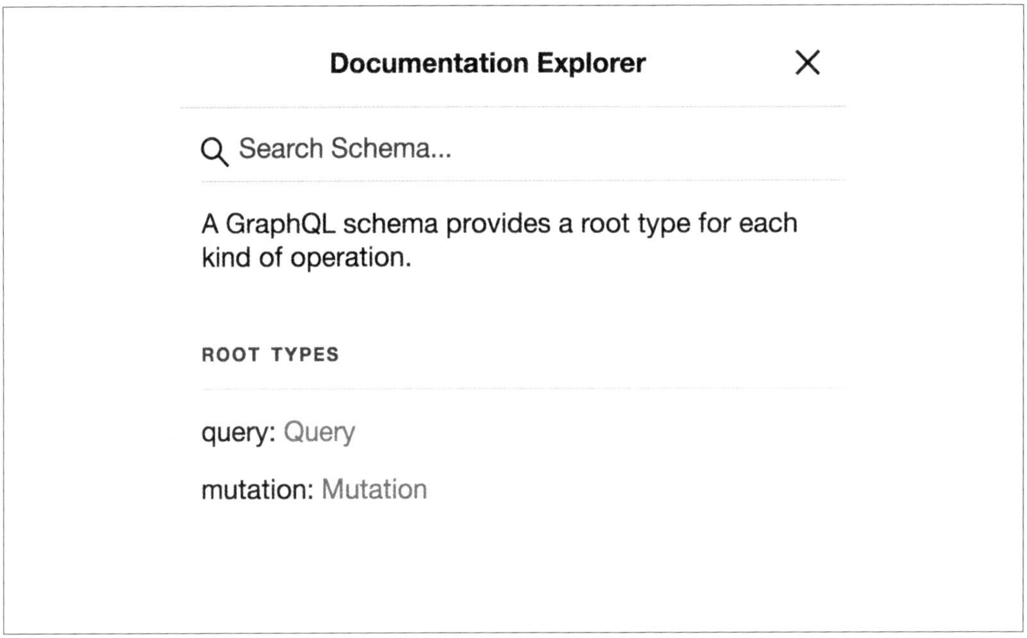

圖 3-4　GraphiQL Documentation Explorer 面板

我們通常用提供 GraphQL 服務的 URL 來操作 GraphiQL，當你建構自己的 GraphQL 服務時，可以加入一個算繪（render）GraphQL 介面的路由來讓使用者瀏覽你公開的資料。你也可以下載獨立的 GraphiQL 版本。

GraphQL Playground

另一種可用來瀏覽 GraphQL API 的工具是 GraphQL Playground，它是 Prisma 的團隊創造的，提供與 GraphiQL 一樣的功能，此外還加入一些有趣的選項。要與 GraphQL Playground 互動，最簡單的方法是用瀏覽器前往 *https://www.graphqlbin.com* 並查看它。當你提供一個端點之後，就可以使用 Playground 來與資料互動了。

GraphQL Playground 很像 GraphiQL，但它還有一些方便的功能，其中最重要的功能是它可以讓你連同 GraphQL 請求一起傳送自訂 HTTP 標頭，如圖 3-5 所示（第五章討論授權時，會更詳細地說明這項功能。）

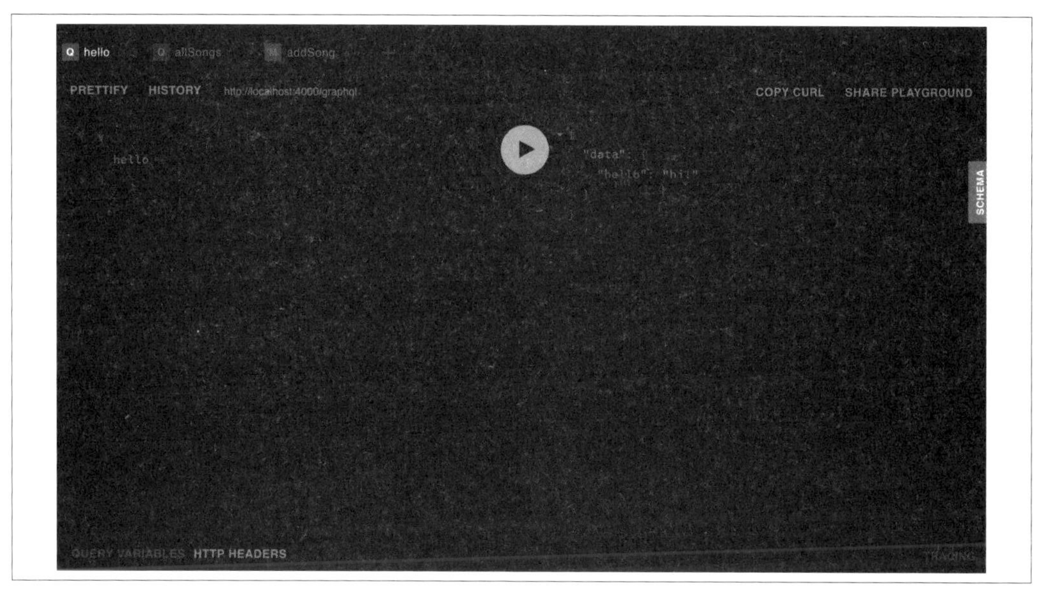

圖 3-5　GraphQL Playground

GraphQL Bin 也是一種奇特的人際合作工具，你可以用它來與別人分享 bin 的連結，如圖 3-6 所示。

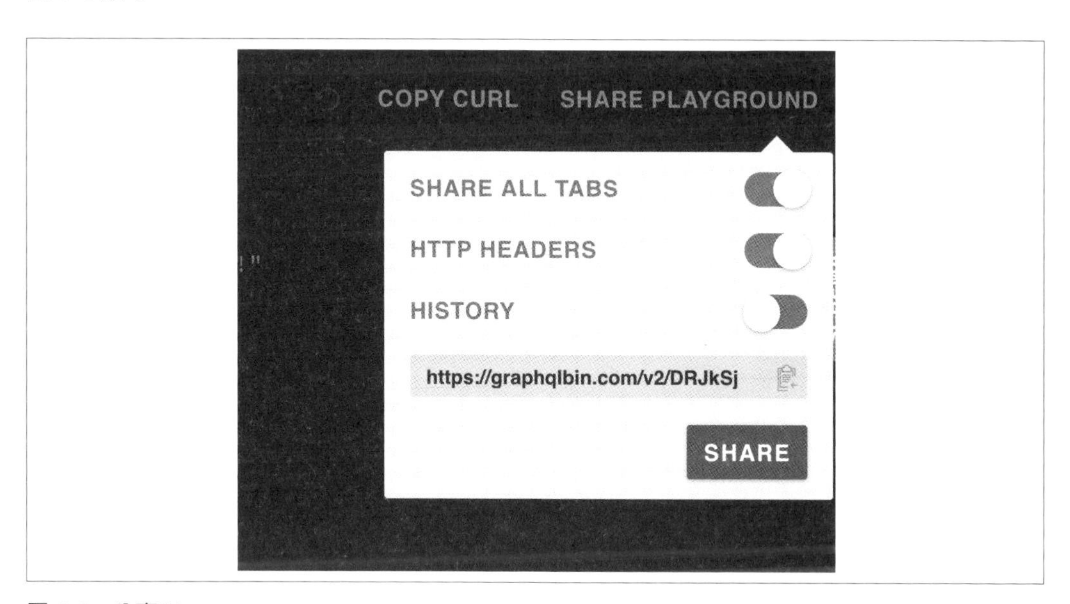

圖 3-6　分享 bin

GraphQL Playground 有個桌機版本，你可以用 Homebrew 在本地端安裝它：

```
brew cask install graphql-playground
```

或是直接從網站下載它（*http://bit.ly/graphql-pg-releases*）。

當你安裝或瀏覽 GraphQL Bin 之後，就可以開始傳送請求了。要快速開始工作，你可以將一個 API 端點貼在 playground 裡面，它或許是個公用的 API，或是在 localhost 連接埠上運行的專案。

公用的 GraphQL API

要開始使用 GraphQL，最佳的方式之一就是練習以公用 API 來傳送請求。坊間有一些公司與機構提供了可用來查詢公用資料的 GraphiQL 介面：

SWAPI（*http://graphql.org/swapi-graphql*）（*Star Wars API*）

　這是個 Facebook 專案，它是 SWAPI REST API 的包裝。

GitHub API（*https://developer.github.com/v4/explorer/*）

　GitHub GraphQL API 是最大型的公用 GraphQL API 之一，可讓你傳送請求碼和 mutation 來查看與改變 GitHub 的即時資料。你必須登入你的 GitHub 帳號來與資料互動。

Yelp（*https://www.yelp.com/developers/graphiql*）

　Yelp 維護這個可讓你用 GraphiQL 來查詢的 GraphQL API。你必須建立一個 Yelp 開發者帳號來與 Yelp API 裡面的資料互動。

此外還有許多公用 GraphQL API 的範例可供參考（*https://github.com/APIs-guru/graphql-apis*）。

GraphQL 查詢

Snowtooth Mountain 是座虛構的滑雪勝地。作為本章的範例，我們假裝它是一座真正的山，並且在那裡工作。我們將要觀察 Snowtooth Mountain 網路團隊如何使用 GraphQL 來提供即時、最新的纜椅和雪道狀態資訊。Snowtooth 滑雪巡邏員可以直接用他們的手機打開與關閉纜椅和雪道。你可以參考 Snowtooth 的 GraphQL Playground 介面（*http://snowtooth.moonhighway.com*）來瞭解本章的範例。

你可以使用 *query*（查詢）從 API 請求資料。query 描述你想要從 GraphQL 伺服器取得的資料。當你傳送 query 時，就是以 *field*（欄位）為單位索取資料。這些欄位對應伺服器回傳的 JSON 資料回應內的同一組欄位。例如，如果你傳送一個索取 `allLifts` 的 query，並請求 `name` 與 `status` 欄位，就會收到一個含有 `allLifts` 陣列與每一個纜椅的 `name` 與 `status` 的字串，如下所示：

```
query {
  allLifts {
    name
    status
  }
}
```

處理錯誤

當你成功地發出查詢後，會收到一個含有“資料”鍵的 JSON 文件。不成功的查詢會收到一個含有“錯誤”鍵的 JSON 文件。這個鍵底下的 JSON 資料就是錯誤的詳細訊息。JSON 回應也可能同時含有“資料”與“錯誤”。

你可以在查詢文件裡面加入多個 query，但每次只能執行一項操作。例如，你可以在一個查詢文件裡面放入兩項查詢操作：

```
query lifts {
  allLifts {
    name
    status
  }
}

query trails {
  allTrails {
    name
    difficulty
  }
}
```

當你按下播放按鈕時，GraphQL Playground 會要求你選擇這兩項操作之一。如果你想要藉由一個請求來取得所有資料，就必須將它們全都放在同一個 query 裡面：

```
query liftsAndTrails {
  liftCount(status: OPEN)
  allLifts {
    name
```

```
      status
    }
    allTrails {
      name
      difficulty
    }
  }
```

從這裡開始，你可以慢慢看到 GraphQL 的優點。我們可以用一個 query 來索取各種不同的資料點。我們索取目前處於特定狀態的 `liftCount`、取得目前處於那種狀態的纜椅數量，也索取每一個纜椅的 `name` 與 `status`。最後，我們在同一個 query 中要求取得每一個纜椅的 `name` 與 `status`。

`Query` 是一種 GraphQL 型態。我們稱它為**根型態**，因為這種型態對應一項操作，而操作是查詢文件的根。`query` 可在 GraphQL API 中使用的欄位已被定義在該 API 的 schema 裡面了，這個文件告訴我們那個 `Query` 型態有哪些欄位可以選擇。

它告訴我們：當我們查詢這個 API 時，可以選擇欄位 `liftCount`、`allLifts` 與 `allTrails`。它也定義了其他可供選擇的欄位，但與查詢有關的重點在於：我們能夠選擇需要的欄位，以及省略不想要的欄位。

我們會在編寫 query 時，將需要的欄位放在大括號裡面來選擇它們，這些段落稱為**選擇組**（*selection set*）。我們在選擇組中定義的欄位與 GraphQL 型態有直接的關係。`liftCount`、`allLifts` 與 `allTrails` 欄位都被定義在 `Query` 型態內。

你可以在一個選擇組裡面放入另一個選擇組。因為 `allLifts` 欄位會回傳一串 `Lift` 型態，我們必須使用大括號來建立一個這種型態的新選擇組。我們可以請求各種關於 lift 的資料，但在這個範例中，我們只想要選擇 lift 的 `name` 與 `status`。類似的情況，`allTrails` query 會回傳 `Trail` 型態。

JSON 回應含有我們在 query 中請求的所有資料，那些資料都會被格式化為 JSON，並且使用與 query 一樣的外型來傳遞。它發出的每一個 JSON 欄位的名稱都與選擇組的欄位名稱一樣。我們可以在 query 中指定別名來改變回應物件的欄位名稱，例如：

```
query liftsAndTrails {
  open: liftCount(status: OPEN)
  chairlifts: allLifts {
    liftName: name
    status
  }
  skiSlopes: allTrails {
```

```
      name
      difficulty
    }
  }
```

其回應為：

```
{
  "data": {
    "open": 5,
    "chairlifts": [
      {
        "liftName": "Astra Express",
        "status": "open"
      }
    ],
    "skiSlopes": [
      {
        "name": "Ditch of Doom",
        "difficulty": "intermediate"
      }
    ]
  }
}
```

我們取回具備同樣外形的資料了，但也改變回應中的一些欄位名稱。要過濾 GraphQL 查詢結果，其中一種方式就是傳入**查詢引數**。引數是與一個查詢欄位有關的一對鍵 / 值（或好幾對）。如果我們只想要取得被關閉纜椅的名稱，可以傳入一個過濾回應的引數：

```
query closedLifts {
    allLifts(status: "CLOSED" sortBy: "name") {
      name
      status
    }
}
```

你也可以使用引數來選擇資料。例如，假如我們要查詢某個纜椅的狀態，可以用它的專屬代碼來選擇它：

```
query jazzCatStatus {
    Lift(id: "jazz-cat") {
      name
      status
      night
```

```
        elevationGain
      }
  }
```

我們可以在回應中看到“Jazz Cat”纜椅的 `name`、`status`、`night` 與 `elevationGain`。

邊與連結

在 GraphQL 查詢語言中，欄位可為**純量型態**或**物件型態**。純量型態類似其他語言中的基本型態。它們是選擇組的葉節點。GraphQL 內建五種純量型態：整數（`Int`）、浮點數（`Float`）、字串（`String`）、布林（`Boolean`），及專屬代碼（`ID`）。

使用整數與浮點數都會得到 JSON 數字，使用字串與 ID 則會得到 JSON 字串。使用布林只會得到布林值。雖然使用 `ID` 與 `String` 字串會得到同一種 JSON 資料型態，但 GraphQL 會確保 ID 回傳唯一的字串。

GraphQL 物件型態是在 schema 內定義的一或多個欄位群組，它們定義了應回傳的 JSON 物件的外形。JSON 可以在欄位底下無止盡地嵌套物件，GraphQL 也是如此。我們可以藉由查詢某個物件來取得與它有關的物件的細節來將物件連在一起。

例如，假如我們想要取得可以用特定的纜椅到達的雪道清單：

```
query trailsAccessedByJazzCat {
    Lift(id:"jazz-cat") {
        capacity
        trailAccess {
            name
            difficulty
        }
    }
}
```

在上述的 query 中，我們索取關於“Jazz Cat”纜椅的一些資料。我們的選擇組包含一個對於 `capacity` 欄位的請求。 capacity 是純量型態，它會回傳一個代表“一台纜椅可搭載的人數”的整數。`trailAccess` 欄位屬於 `Trail` 型態（物件型態）。在這個範例中，`trailAccess` 會回傳一個過濾過的、可用 Jazz Cat 抵達的雪道清單。因為 `trailAccess` 是 `Lift` 型態的欄位，API 可使用父物件（也就是 Jazz Cat `Lift`）的資料來過濾回傳的雪道清單。

這個操作範例查詢兩種資料型態（纜椅與雪道）之間的**一對多連結**。一台纜椅與許多與它有關的雪道相連。如果我們從 `Lift` 節點開始遍歷圖，可透過命名為 `trailAccess` 的邊前往與該纜椅連接的一或多個 `Trail` 節點。如果你要從 `Trail` 節點走回 `Lift` 節點，因為這張圖是無向的，所以可以做到：

```
query liftToAccessTrail {
    Trail(id:"dance-fight") {
        groomed
        accessedByLifts {
            name
            capacity
        }
    }
}
```

在 `liftToAccessTrail` query 中，我們選擇一個名為"Dance Fight"的 `Trail`。 `groomed` 欄位回傳一個布林純量型態，可讓我們知道 Dance Fight 是否被整理過了。`accessedByLifts` 欄位回傳可帶著滑雪客前往 Dance Fight 雪道的纜椅。

Fragment

你可以將操作的定義以及 *fragment* 放入 GraphQL 查詢文件。fragment 是可在多個操作中重複使用的選擇組。看一下這個 query：

```
query {
    Lift(id: "jazz-cat") {
      name
      status
      capacity
      night
      elevationGain
      trailAccess {
        name
        difficulty
      }
    }
    Trail(id: "river-run") {
      name
      difficulty
      accessedByLifts {
        name
        status
```

```
          capacity
          night
          elevationGain
        }
      }
  }
```

這個查詢請求的是 Jazz Cat 纜車與“River Run”雪道的資訊。Lift 的選擇組裡面有 name、status、capacity、night 與 elevationGain。我們想要取得的 River Run 雪道資訊有一些欄位與 Lift 型態的欄位相同。我們可以建立一個 fragment 來協助減少 query 重複的地方：

```
fragment liftInfo on Lift {
  name
  status
  capacity
  night
  elevationGain
}
```

我們用 fragment 關鍵字來建立 fragment。fragment 是屬於特定型態的選擇組，所以你必須在 fragment 的定義中指定它所屬的型態。這個範例的 fragment 稱為 liftInfo，它是 Lift 型態的選擇組。

當我們要在另一個選擇組中加入 liftInfo fragment 欄位時，可在 fragment 名稱前面加上三個句點來做這件事：

```
query {
    Lift(id: "jazz-cat") {
      ...liftInfo
      trailAccess {
        name
        difficulty
      }
    }
    Trail(id: "river-run") {
      name
      difficulty
      accessedByLifts {
        ...liftInfo
      }
    }
}
```

這種語法類似 JavaScript 的 spread 運算子，它也有類似的用途——將一個物件的鍵與值指派給另一個物件。這三個句點可讓 GraphQL 將 fragment 的欄位指派給當前的選擇組。在這個範例中，我們在 query 的兩個地方使用同一個 fragment 來選擇 name、status、capacity、night 與 elevationGain。

我們無法將 liftInfo fragment 加入 Trail 選擇組，因為它只定義了 Lift 型態的欄位。我們可以加入另一個雪道 fragment：

```
query {
    Lift(id: "jazz-cat") {
      ...liftInfo
      trailAccess {
        ...trailInfo
      }
    }
    Trail(id: "river-run") {
      ...trailInfo
      groomed
      trees
      night
    }
}

fragment trailInfo on Trail {
  name
  difficulty
  accessedByLifts {
    ...liftInfo
  }
}

fragment liftInfo on Lift {
  name
  status
  capacity
  night
  elevationGain
}
```

在這個範例中，我們建立了一個稱為 trailInfo 的 fragment，並在 query 的兩個地方使用它。我們也在 trailInfo fragment 中使用 liftInfo fragment 來選擇與它連接的纜椅資料。你可以視需求建立任意數量的 fragment，並交換使用它們。在 River Run Trail query 使用的選擇組中，我們將 fragment 與想要選擇的、關於 River Run 雪道的其他資料結合。你可以一併使用 fragment 與選擇組的其他欄位，也可以在單個選擇組中結合多個屬於同樣型態的 fragment：

```
query {
  allTrails {
    ...trailStatus
    ...trailDetails
  }
}

fragment trailStatus on Trail {
  name
  status
}

fragment trailDetails on Trail {
  groomed
  trees
  night
}
```

fragment 有個很棒的優點在於，你只要修改一個 fragment，就可以修改在許多不同的 query 裡面的選擇組：

```
fragment liftInfo on Lift {
  name
  status
}
```

這樣修改 `liftInfo` fragment 的選擇組會讓使用這個 fragment 的每一個 query 選擇較少的資料。

聯合型態

我們已經知道如何回傳一串物件了，但是在目前為止的案例中，我們都回傳單一型態的串列。如果你想要取得含有多個型態的串列，可建立**聯合型態**，它可建立兩種不同的物件型態之間的關係。

假如我們要為大學生建立一個行程 app，讓他們可以在行事曆中加入 `Workout` 與 `Study Group` 事件。你可以到 *https://graphqlbin.com/v2/ANgjtr* 觀察這個範例的運作狀況。

當你查看 GraphQL Playground 內的文件時，會看到 AgendaItem 是個聯合型態，也就是它可以回傳多種型態。具體來說，AgendaItem 可回傳 Workout 和 StudyGroup，它們都是大學生的行事曆裡面可能有的東西。

當你編寫學生行事曆的 query 時，可使用 fragment 來定義當 AgendaItem 是 Workout 時想要選擇的欄位，以及當 AgendaItem 是 StudyGroup 時想要選擇的欄位：

```
query schedule {
    agenda {
    ...on Workout {
      name
      reps
    }
    ...on StudyGroup {
      name
      subject
      students
    }
  }
}
```

這是它的回應：

```
{
  "data": {
    "agenda": [
      {
        "name": "Comp Sci",
        "subject": "Computer Science",
        "students": 12
      },
      {
        "name": "Cardio",
        "reps": 100
      },
      {
        "name": "Poets",
        "subject": "English 101",
        "students": 3
      },
      {
        "name": "Math Whiz",
        "subject": "Mathematics",
```

```
          "students": 12
        },
        {
          "name": "Upper Body",
          "reps": 10
        },
        {
          "name": "Lower Body",
          "reps": 20
        }
      ]
    }
  }
```

我們在這裡使用行內 *fragment*。行內 fragmen 沒有名稱，它們直接在 query 中將選擇組設為特定型態。我們使用它們來定義當聯合型態回傳不同型態的物件時應選擇哪些欄位。對於每一個 `Workout`，這個 query 會要求取得回傳的 `Workout` 物件裡面的 `names` 與 `reps`。對於每個 study 群組，我們要求取得回傳的 `StudyGroup` 物件裡面的 `name`、`subject` 與 `students`。回傳的 agenda 有一個陣列，陣列裡面有各種不同型態的物件。

你也可以使用有名稱的 fragment 來查詢聯合型態：

```
query today {
    agenda {
    ...workout
    ...study
  }
}

fragment workout on Workout {
  name
  reps
}

fragment study on StudyGroup {
  name
  subject
  students
}
```

介面

介面是處理可被單個欄位回傳的多種物件型態的另一種選項。介面是一種抽象型態，其用途是建立應該在類似的物件型態中實作的欄位串列。當一個型態實作介面時，那個型態就有介面的所有欄位，通常也會有一些自己的欄位。如果你想要跟著操作這個範例，可在 GraphQL Bin 找到它（*https://graphqlbin.com/v2/yoyPfz*）。

當你查看文件中的 agenda 欄位時，可以看到它回傳 ScheduleItem 介面。這個介面定義了這些欄位：name、start（**開始**時間），與 end（**結束**時間）。實作 ScheduleItem 介面的任何物件型態都需要實作這些欄位。

我們也可以在文件中看到 StudyGroup 與 Workout 型態實作了這個介面，這意味著我們可以放心地認為這兩種型態都有 name、start 與 end 欄位：

```
query schedule {
  agenda {
    name
    start
    end
  }
}
```

schedule query 看起來不在乎 agenda 欄位回傳多種型態。它只需要項目的名稱、開始與結束時間來建立這位學生何時應該前往何處的行程。

當我們查詢一個介面時，也可以在收到特定的物件型態時使用 fragment 來選擇額外的欄位：

```
query schedule {
  agenda {
    name
    start
    end
    ...on Workout {
      reps
    }
  }
}
```

我們修改 schedule query，在 ScheduleItem 是 Workout 時額外請求 reps。

變動

到目前為止，我們已討論許多關於讀取資料的事情了。我們用 query 來描述在 GraphQL 中發生的所有**讀取**。若要寫入新資料，你要使用 *mutation*（**變動**）。mutation 的定義類似 query，它們都有名稱，也都可以擁有“可回傳物件型態或純量的選擇集”，不同之處在於 mutation 可執行一些影響後端資料狀態的修改。

例如，這是個很危險的 mutation：

```
mutation burnItDown {
  deleteAllData
}
```

`Mutation` 是一種根物件型態。API 的 schema 定義了這個型態可用的欄位。上述範例的 API 擁有強大的威力，可清除用戶端的所有資料，它實作了一個稱為 `deleteAllData` 的欄位，當所有資料都被成功地刪除，並且到了該尋求新工作的時候，這個欄位會回傳一個純量型態：`true`，或者如果出錯了，並且到了該尋求新工作的時候，回傳 `false`。資料究竟會不會真的被刪除是藉由實作這個 API 來決定的，第五章會進一步討論。

我們來探討另一個 mutation，但是這次我們要創造一些東西，而不是摧毀東西：

```
mutation createSong {
  addSong(title:"No Scrubs", numberOne: true, performerName:"TLC") {
    id
    title
    numberOne
  }
}
```

我們可以使用這個範例來創造新歌，利用引數將 `title`、`numberOne` 狀態與 `performerName` 傳給這個 mutation 之後，它會將這首新歌加入資料庫。如果這個 mutation 欄位會回傳物件，你就要在這個 mutation 後面加入一個選擇組。在本例中，mutation 完成後會回傳 `Song` 型態，裡面有剛才創造的歌曲的資料。我們可以在 mutation 後面選擇新歌的 `id`、`title` 與 `numberOne` 狀態：

```
{
  "data": {
    "addSong": {
      "id": "5aca534f4bb1de07cb6d73ae",
      "title": "No Scrubs",
```

```
            "numberOne": true
        }
    }
}
```

上面是這個 mutation 可能的回應。如果出錯，這個 mutation 會在 JSON 回應裡面回傳錯誤，而不是新建的 Song 物件。

我們也可以使用 mutation 來更改既有的資料。當我們想要更改 Snowtooth 的纜椅狀態時，可以使用 mutation：

```
mutation closeLift {
    setLiftStatus(id: "jazz-cat" status: CLOSED) {
     name
     status
  }
}
```

我們可以使用這個 mutation 將 Jazz Cat 纜椅的狀態從 open 改成 closed。我們可以在 mutation 後面的選擇組裡面選擇最近被更改的 Lift 的欄位。在本例中，我們取得被改變的纜椅的 name，以及新的 status。

使用查詢變數

現在你已經會使用 mutation 引數傳送新字串值來更改資料了，另一種做法是使用輸入變數，以變數取代 query 內的靜態值可讓我們變成傳入動態值。在 addSong mutation，我們要用變數名稱來取代字串，在 GraphQL 中，變數必定以 $ 字元開頭：

```
mutation createSong($title:String! $numberOne:Int $by:String!) {
  addSong(title:$title, numberOne:$numberOne, performerName:$by) {
    id
    title
    numberOne
  }
}
```

我們將靜態值換成 $variable，接著宣告 mutation 可接收 $variable。接下來，我們用引數名稱來對應每一個 $variable 名稱。GraphiQL 與 Playground 都有一個 Query Variables 視窗，我們在這裡用 JSON 物件來傳送輸入資料，務必用正確的變數名稱作為 JSON 鍵：

```
{
  "title": "No Scrubs",
  "numberOne": true,
  "by": "TLC"
}
```

當你傳送引數資料時，變數的功能很強大，它不但可讓你的 mutation 在測試的過程中更有條理，當你連接用戶端介面時，使用動態輸入也有很大的幫助。

訂閱

GraphQL 的第三種操作類型是訂閱（subscription）。有時用戶端想要取得伺服器傳送的即時更新。訂閱可讓我們監聽 GraphQL API 的即時資料變更。

GraphQL 的訂閱功能來自 Facebook 的實際使用案例。這個團隊想要在不重新整理網頁的情況下，顯示關於貼文獲得的讚（Live Likes）數量的即時資訊。Live Likes 是以訂閱來製作的即時使用案例。每一個用戶端都會訂閱 like 事件，並即時看到 like 的更新。

如同 mutation 與 query，subscription 是一種根型態。你必須在 API schema 的 `subscription` 型態下的欄位中定義用戶端可以監聽的資料變更。編寫 GraphQL query 來監聽 subscription 的做法類似定義其他操作的方式。

例如，在 Snowtooth（*http://snowtooth.moonhighway.com*）中，我們可以用 subscription 監聽任何纜椅狀態的變動：

```
subscription {
  liftStatusChange {
    name
    capacity
    status
  }
}
```

當我們執行這個 subscription 時，可以用 WebSocket 來監聽纜綺狀態的改變。請留意，在 GraphQL Playground 按下播放按鈕無法立刻收到回傳的資料。當 subscription 被送到伺服器時，這個 subscription 會監聽資料的任何改變。

如果你想要看到 subscription 收到資料，就必須做出改變。你必須打開一個新視窗或標籤，用 mutation 來傳送那個改變。當 subscription 已經在 GraphQL Playground 標籤中運行時，我們就無法使用同一個視窗或標籤來執行其他的操作了。如果你使用 GraphiQL 來編寫 subscription，可打開第二個瀏覽器視窗，前往 GraphiQL 介面。如果你使用 GraphQL Playground，可打開一個新標籤來加入 mutation，

我們在新視窗或標籤傳送一個改變纜椅狀態的 mutation：

```
mutation closeLift {
    setLiftStatus(id: "astra-express" status: HOLD) {
      name
      status
  }
}
```

當我們執行這個 mutation 時，“Astra Express” 的狀態就會改變，且 Astra Express 纜椅的 `name`、`capacity` 與 `status` 會被推送到我們的訂閱。Astra Express 是最後一個被改變的纜椅，它的新狀態會被推送到 subscription。

我們來改變第二個纜椅的狀態。試著將 “Whirlybird” 纜椅的狀態設為 closed。注意，這個新資訊已經被傳送到我們的 subscription 了。GraphQL Playground 可顯示兩組回應資料，以及資料被送到 subscription 的時間。

與 query 和 mutation 不同的是，subscription 會保持開啟。接下來每當有纜椅的狀態改變時，新的資料就會被推送到這個 subscription。若要停止監聽狀態變動，你必須取消 subscription。當你使用 GraphQL Playground 時，只要按下停止按鈕即可。不幸的是，用 GraphiQL 來取消 subscription 唯一的做法是關閉運行該 subscription 的瀏覽器標籤。

自我查詢

自我查詢（*introspection*）是 GraphQL 最強大的功能之一。自我查詢是指查詢目前的 API 的 schema。自我查詢是將這些精心建構的 GraphQL 文件加入 GraphiQL Playground 介面的方式。

你可以傳送 query 給每一個“可回傳特定 API 的 schema 資料”的 GraphQL API。例如，如果你要知道可在 Snowtooth 中使用哪種 GraphQL 型態，可以執行 __schema query 來查看該資訊：

```
query {
  __schema {
    types {
      name
      description
    }
  }
}
```

當你執行這個 query 時，可以看到這個 API 可用的每一個型態，包括根型態、自訂型態，甚至純量型態。如果你想要查看特定型態的資料，可執行 __type query，並用引數來傳送想要查詢的型態名稱：

```
query liftDetails {
  __type(name:"Lift") {
    name
    fields {
      name
      description
      type {
        name
      }
    }
  }
}
```

這種自我查詢功能可讓你看到 `Lift` 型態可供查詢的所有欄位。當你想要瞭解新的 GraphQL API 時，找出根型態提供哪些欄位是很好的做法：

```
query roots {
  __schema {
    queryType {
      ...typeFields
    }
    mutationType {
      ...typeFields
    }
    subscriptionType {
      ...typeFields
    }
  }
}

fragment typeFields on __Type {
  name
```

```
    fields {
      name
    }
  }
```

自我查詢會遵循 GraphQL 查詢語言的規則。我們用 fragment 來簡化上述的 query，並查詢每個根型態的名稱與它們提供的欄位。自我查詢可讓用戶端知道目前的 API schema 如何運作。

抽象語法樹

query 文件是個字串。當我們傳送 query 給 GraphQL API 時，字串會被解析成**抽象語法樹**，並且在操作執行之前進行驗證。抽象語法樹（abstract syntax tree，AST）是一種代表 query 的階層式物件。AST 是個含有內嵌欄位的物件，裡面的欄位代表 GraphQL query 的細節。

解析程序的第一個步驟是將字串解析成一堆較小的片段，這個步驟包括將關鍵字、引數，甚至括號與冒號解析成單獨的標記，這個程序稱為**詞法分析**（*lexing* 或 *lexical analysis*）。接下來將詞法分析後的 query 解析成 AST。使用 AST 可讓動態修改與驗證 query 的工作輕鬆許多。

例如，你的 query 一開始是 GraphQL **文件**。文件至少有一個**定義**，也可能有一串定義。定義只有可能是兩種型態之一：`OperationDefinition` 或 `FragmentDefinition`。下面的文件範例有三個定義：兩項操作與一個 fragment：

```
query jazzCatStatus {
    Lift(id: "jazz-cat") {
      name
      night
      elevationGain
      trailAccess {
        name
        difficulty
      }
    }
}

mutation closeLift($lift: ID!) {
  setLiftStatus(id: $lift, status: CLOSED ) {
    ...liftStatus
  }
```

```
}

fragment liftStatus on Lift {
  name
  status
}
```

一個 OperationDefinition 只能含有三種操作型態之一：mutation、query 或 subscription。每一個操作定義都有 OperationType 與 SelectionSet。

在每一個操作後面的大括號內都有該操作的 SelectionSet，它們就是我們用引數來查詢的欄位。例如，Lift 欄位是 jazzCatStatus query 的 SelectionSet，而 setLiftStatus 欄位是 closeLift mutation 的選擇組。

選擇組可嵌套在另一個選擇組裡面。jazzCatStatus query 有三個嵌套的選擇組。第一個 SelectionSet 含有 Lift 欄位。在它裡面有個 SelectionSet 含有 name、night、elevationGain 與 trailAccess 欄位。在 trailAccess 欄位內有另一個 SelectionSet，含有每個雪道的 name 與 difficulty 欄位。

GraphQL 可以遍歷這個 AST 並且用 GraphQL 語言與目前的 schema 來驗證它的細節。如果查詢語言的語法是正確的，且 schema 含有我們請求的欄位與型態，該操作就會執行。如果情況不是如此，就會回傳特定的錯誤。

此外，AST 物件比字串容易修改。如果我們想要在 jazzCatStatus query 附加開放的纜椅數量，可直接修改 AST。我們只要為操作加入一個額外的 SelectionSet 就可以了。AST 是 GraphQL 很重要的成分。每一項操作都會被解析成 AST，以便對它進行驗證並最終執行它。

你已經在本章瞭解 GraphQL 查詢語言，可以開始使用這種語言來與 GraphQL 服務互動了。但是如果沒有具體定義 GraphQL 服務可使用哪些操作與欄位，就無法做到這件事。這種具體的定義稱為 *GraphQL schema*，下一章會仔細討論如何建立 schema。

第四章

設計 schema

GraphQL 即將改變你的設計程序。你會開始將 API 視為型態的集合，而不是 REST 端點的集合。在開始製作 API 之前，你必須思考、討論與正式定義這個 API 將要公開的資料型態。這個型態的集合稱為 *schema*。

schema **優先**（*Schema First*）是可讓你的團隊對於組成 app 的資料型態達成共識的設計方法。後端團隊可藉由它來明確瞭解他們需要儲存與傳遞的資料。前端團隊可以知道他們開始建構使用者介面時需要的定義。每個人都有個明確的詞彙表（vocabulary）可用來溝通如何建構系統。總之，每個人都可以立刻捲起袖子工作。

為了便於定義型態，GraphQL 附有一種定義 schema 的語言，稱為 *Schema Definition Language*，或 SDL。如同 GraphQL Query Language，無論你使用哪種語言或框架來建構 app，GraphQL SDL 都是一樣的。GraphQL schema 文件是定義可在 app 中使用的型態之文字文件，稍後用戶端與伺服器可以用它來驗證 GraphQL 請求。

本章將要介紹 GraphQL SDL，並且幫一個照片分享 app 建立 schema。

定義型態

實際建構 GraphQL 型態與 schema 是瞭解它們的最佳方式。這個照片分享 app 可讓使用者登入他們的 GitHub 帳號來張貼照片，並且在那些照片中標記使用者。管理使用者與貼文是幾乎所有網際網路 app 的核心功能。

PhotoShare app 有兩種主要的型態：`User` 與 `Photo`。我們開始設計 schema 來讓整個 app 使用吧！

型態

GraphQL Schema 的核心單位是型態。在 GraphQL 中，**型態**代表一種自訂的物件，這些物件描述了 app 的核心功能。例如，社群媒體 app 有 `Users` 與 `Posts`。部落格或許有 `Categories` 與 `Articles`。這些型態代表 app 的資料。

當你重頭開始建構 Twitter 時，可能會用 `Post` 來儲存使用者想要傳播的文字。（在本例中，這種型態比較好的名稱或許是 `Tweet`。）如果你要建構 Snapchat，`Post` 或許包含一張圖像，且將它命名為 `Snap` 應該比較適合。當你定義 schema 時，就是在定義團隊討論領域物件時使用的共同語言。

型態有一些**欄位**，它們代表與每個物件有關的資料。每個欄位都會回傳特定型態的資料，它可能是整數或字串，也可能是自訂的物件型態或型態串列。

schema 是型態定義的集合。你可以在 JavaScript 檔案中用字串來編寫 schema，或在任何文字檔中編寫它。這些檔案通常使用 `.graphql` 副檔名。

我們在 schema 檔案中定義第一個 GraphQL 物件型態——`Photo`：

```
type Photo {
    id: ID!
    name: String!
    url: String!
    description: String
}
```

我們在大括號之間定義了 `Photo` 的欄位。`Photo` 的 `url` 是圖像檔案位置的參考。這個描述式也含有一些關於 `Photo` 的詮釋資料：`name` 與 `description`。最後，每個 `Photo` 都有個 `ID`，它是可當成鍵來讀取照片的專屬代碼。

每個欄位都有特定型態的資料。我們只在 schema 定義一種自訂型態，`Photo`，但 GraphQL 有一些內建的型態可讓欄位使用。這些內建型態稱為**純量型態**（*scalar types*）。`description`、`name` 與 `url` 欄位都使用 `String` 純量型態。當我們查詢這些欄位時，回傳的資料將會是 JSON 字串。驚嘆號代表該欄位**不能為** *null*，也就是說在每個查詢中，`name` 與 `url` 欄位都必須回傳一些資料。`description` **可為** *null*，代表照片的說明是可選的，當這個欄位被查詢時可回傳 `null`。

Photo 的 ID 欄位是每張照片的專屬代碼。在 GraphQL 中，當你要回傳專屬的代碼時，就要使用 ID 純量型態。這個代碼的 JSON 是個字串，但是這個字串將會被驗證是否為唯一值。

純量型態

GraphQL 的內建純量型態（Int、Float、String、Boolean、ID）相當實用，但有時你可能想要定義自己的純量型態。純量型態不是物件型態，它沒有欄位。但是當你實作 GraphQL 服務時，可以指定自訂的純量型態該如何驗證，例如：

```
scalar DateTime

type Photo {
    id: ID!
    name: String!
    url: String!
    description: String
    created: DateTime!
}
```

我們建立了一個自訂的純量型態：DateTime。現在我們可以找出每張照片是何時 created（**建立**）的。任何被標記為 DateTime 的欄位都會回傳一個 JSON 字串，但我們可以使用自訂純量來確保該字串可被序列化、驗證與格式化為官方的日期與時間。

你可以為任何需要驗證的型態宣告自訂純量。

graphql-custom-types npm 套件有一些常用的自訂純量型態可讓你快速地加入你的 Node.js GraphQL 服務。

enum

enumeration（**列舉**）型態，或 *enum*，是可讓欄位回傳有限的字串值集合的純量型態。當你想要確保某個欄位只回傳一群特定值之中的一個值時，可使用 enum 型態。

例如，我們來建立一個稱為 PhotoCategory 的 enum 型態，以五種可能的選項來定義被貼出的照片的類型：SELFIE、PORTRAIT、ACTION、LANDSCAPE 或 GRAPHIC：

```
enum PhotoCategory {
    SELFIE
    PORTRAIT
    ACTION
    LANDSCAPE
    GRAPHIC
}
```

你可以在定義欄位時使用 enum 型態。我們在 Photo 物件型態中加入一個 category 欄位：

```
type Photo {
    id: ID!
    name: String!
    url: String!
    description: String
    created: DateTime!
    category: PhotoCategory!
}
```

加入 category 可確保我們實作這個服務之後，它可以回傳五個有效的值之一。

無論你的作品是否完整支援 enum 型態都無關緊要。你可以用任何語言來實作 GraphQL enum 欄位。

連結與串列

當你建立 GraphQL schema 時，可以定義可回傳“任何 GraphQL 型態組成的串列”的欄位。建立串列的方式是將 GraphQL 型態放在方括號內，[String] 定義一個字串串列，而 [PhotoCategory] 定義一個照片種類的串列。第三章談過，當我們合併使用 union 或 interface 型態時，串列也可以包含多種型態。我們會在本章結尾更詳細地討論這些串列的型態。

當你定義串列時，驚嘆號的使用有點複雜。當驚嘆號在結束的方括號後面時，代表該欄位本身是不可為 null 的。當驚嘆號在結束的方括號之前時，代表串列內的值是不可為 null 的。當你看到驚嘆號時，它就必須有值，且不能回傳 null。表 4-1 定義各種情況。

表 4-1　串列可否為 null 的規則

串列宣告	定義
`[Int]`	可為 null 的整數值串列
`[Int!]`	不可為 null 的整數值組成的串列
`[Int]!`	可為 null 的整數值組成的不可為 null 的串列
`[Int!]!`	不可為 null 的整數值組成的不可為 null 的串列

大部分的串列定義都是不可為 null 的值組成的不可為 null 的串列，因為我們通常不希望串列裡面的值是 null。我們應該事先濾除任何 null 值。如果串列不包含任何值，我們可直接回傳一個空的 JSON 陣列，例如 `[]`。空陣列在技術上不是 null，它是個不包含任何值的陣列。

連接資料與查詢多種相關資料的型態的能力都是非常重要的功能。當我們用自訂物件型態來建立串列時，就是在使用這個強大的功能，並將物件相互連接。

在本節，我們要討論如何使用一個串列來連接物件型態。

一對一連結

當我們使用自訂物件型態來建立欄位時，就是在連接兩個物件。在圖論中，兩個物件之間的連結稱為邊。第一種連結類型是一對一連結，代表將一種物件型態連接另一種物件型態。

照片是使用者貼出的，所以我們的系統裡面的每張照片都應該有一條邊連接貼出它的使用者。圖 4-1 是兩種型態（`Photo` 與 `User`）之間的單向連結。連接兩個節點的邊稱為 `postedBy`。

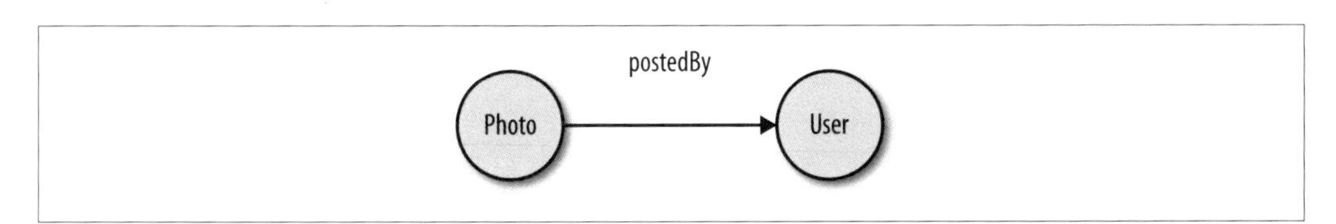

圖 4-1　一對一連結

我們來看一下如何在 schema 中定義它：

```
type User {
    githubLogin: ID!
    name: String
    avatar: String
}

type Photo {
    id: ID!
    name: String!
    url: String!
    description: String
    created: DateTime!
    category: PhotoCategory!
    postedBy: User!
}
```

我們先在 schema 中加入一個新型態，`User`。PhotoShare app 的使用者會用 GitHub 登入。當使用者登入時，我們可取得他們的 `githubLogin`，並用它來作為使用者記錄的專屬代碼。當他們將名字或照片加入 GitHub 時，我們可以將那些資訊儲存在 `name` 與 `avatar` 欄位底下。

接著我們在 `photo` 加入 `postedBy` 欄位來建立連結。因為每張照片都必須被使用者貼出，所以我們將這個欄位設為 `User!` 型態，加入驚嘆號是為了讓這個欄位不可為 null。

一對多連結

讓 GraphQL 服務成為一張無向圖有很大的好處，因為這種做法可讓用戶端有極大的 query 建立彈性，原因是無向圖可讓他們從任何節點開始遍歷圖。我們只要提供一個從 `User` 型態返回 `Photo` 型態的路徑就可以產生無向圖。這代表當我們查詢一位 `User` 時，可以看到那位使用者貼出的所有照片：

```
type User {
    githubLogin: ID!
    name: String
    avatar: String
    postedPhotos: [Photo!]!
}
```

藉由在 User 型態加入 postedPhotos 欄位，我們提供了一個從使用者回到 Photo 的路徑。postedPhotos 欄位會回傳一個 Photo 型態的串列，它們是父使用者貼出的照片。因為使用者可以張貼多張照片，所以我們建立了一對多連結。一對多連結是一種常見的連結，可藉由在父物件裡面建立一個"可以列出多個其他物件"的欄位來產生，如圖 4-2 所示。

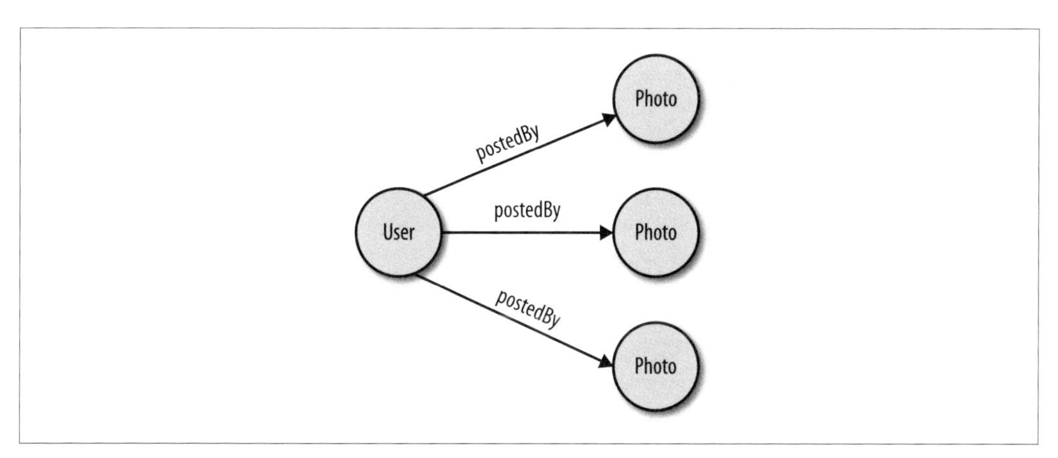

圖 4-2　一對多連結

我們經常在根型態中加入一對多連結。為了讓 query 可使用我們的照片與使用者，我們必須定義 Query 根型態的欄位。我們來看一下如何將新的自訂型態加入 Query 根型態：

```
type Query {
    totalPhotos: Int!
    allPhotos: [Photo!]!
    totalUsers: Int!
    allUsers: [User!]!
}

schema {
    query: Query
}
```

加入 Query 型態就定義了可在 API 使用的查詢。本例中為各個型態加入兩個 query：一個用來傳遞各個型態的紀錄總數，另一個用來傳遞這些紀錄的完整串列。我們也將 Query 型態加入 schema 檔案，讓我們可在 GraphQL API 中使用 query。

現在我們可以用下面的 query 字串來查詢照片與使用者：

```
query {
    totalPhotos
    allPhotos {
        name
        url
    }
}
```

多對多連結

有時我們想要將一個節點串列與另一個節點串列接起來。PhotoShare app 可讓使用者在他們貼出的每張照片中標示其他的使用者，這個程序稱為**標記**（*tagging*）。一張照片可能有許多使用者，且同一位使用者可能會被標記在許多照片中，如圖 4-3 所示。

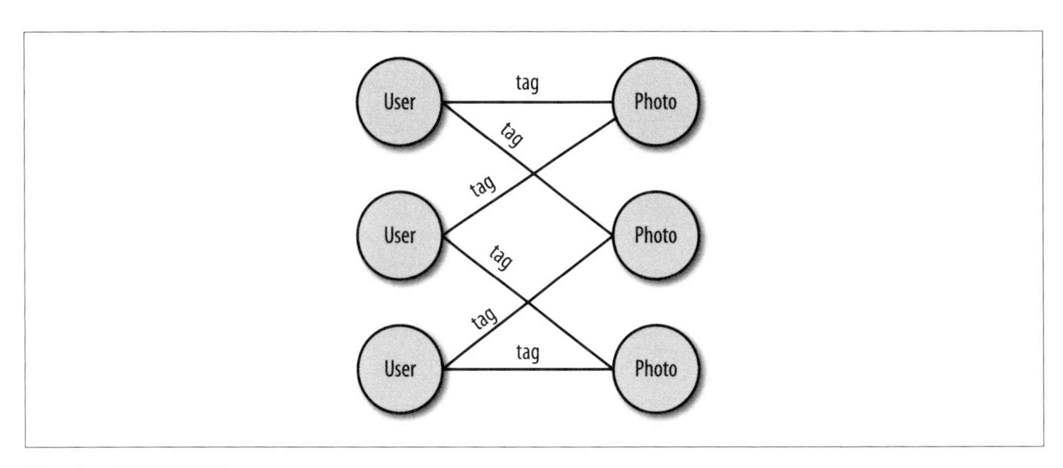

圖 4-3　多對多連結

為了建立這種類型的連結，我們必須在 User 與 Photo 型態裡面加入串列欄位。

```
type User {
    ...
    inPhotos: [Photo!]!
}

type Photo {
    ...
    taggedUsers: [User!]!
}
```

你可以看到，**多對多**連結是兩個**一對多**連結組成的。在這個例子中，一張 Photo 可以有多個被標記的使用者，且一位 User 可被標記在多張照片內。

穿越型態

當你建立多對多關係時，有時想要儲存許多與關係本身有關的資訊。因為這個照片分享 app 不需要使用穿越型態，所以我們要用不同的範例來定義穿越型態：使用者之間的朋友關係。

我們可以在 User 底下定義一個含有一串其他使用者的欄位，將多位使用者與多位使用者接在一起：

```
type User {
    friends: [User!]!
}
```

我們為每位使用者定義一串朋友。思考一下：我們想要儲存一些關於朋友關係本身的資訊，例如使用者認識別人多久了，或他們是在哪裡認識的。

在這種情況下，我們要用自訂物件型態來定義邊。我們將這種物件稱為**穿越型態**（*through type*），因為它是一個用來連接兩個節點的節點。我們來定義一個稱為 Friendship 的穿越型態，用它來連接兩位朋友，以及傳遞這兩位朋友在哪裡相遇的資料：

```
type User {
    friends: [Friendship!]!
}
type Friendship {
    friend_a: User!
    friend_b: User!
    howLong: Int!
    whereWeMet: Location
}
```

我們建立一個 Friendship 來連接 friends，而不是直接在另一個 User 型態的串列中定義 friends 欄位。Friendship 型態定義兩個相連的朋友：friend_a 與 friend_b。它也定義一些關於兩位朋友的友誼的資料欄位：howLong 與 whereWeMet。howLong 欄位是個 Int，用來定義友誼的時間長度，而 whereWeMet 欄位連接一個稱為 Location 的自訂型態。

我們可以改善 Friendship 型態的設計，在它裡面加入一群朋友。例如，你可能在一年級遇到最好的朋友。我們可以加入一個稱為 friends 的欄位來讓人可在友誼關係加入兩位以上的朋友：

```
type Friendship {
    friends: [User!]!
    how_long: Int!
    where_we_met: Location
}
```

在 Friendship 裡面，我們只用一個欄位來加入所有的 friends。現在這個型態可以反應兩位以上的朋友。

擁有不同型態的串列

GraphQL 的串列不一定要回傳相同的型態。在第三章，我們介紹了 union 型態與 interfaces，並且學習如何用 fragment 來為這些型態編寫 query。我們來看一下如何將這些型態加入 schema。

我們以行事曆為例。你或許會有一個行事曆，裡頭有許多不同的事件，而每一種事件都需要使用不同的資料欄位。例如研究小組聚會和健身訓練的細節或許完全不同，但你必須將它們都加入行事曆。你可以將每日的行程想成一個用不同的活動型態組成的串列。

在 GraphQL 中，為行事曆定義 schema 的方式有兩種：聯合型態與介面。

聯合型態

在 GraphQL 中，**聯合型態**是可用來回傳許多不同的型態之一的型態。我們曾經在第三章寫過一個稱為 schedule 的 query 來查詢行程，並且根據行程項目究竟是健身訓練還是研究小組來回傳不同的資料。我們來回顧一下：

```
query schedule {
    agenda {
        ...on Workout {
            name
            reps
        }
        ...on StudyGroup {
            name
            subject
            students
        }
```

```
        }
    }
```

我們建立一個名為 `AgendaItem` 的 `union` 型態在學生的行程中處理這種情況：

```
union AgendaItem = StudyGroup | Workout

type StudyGroup {
    name: String!
    subject: String
    students: [User!]!
}

type Workout {
    name: String!
    reps: Int!
}

type Query {
    agenda: [AgendaItem!]!
}
```

`AgendaItem` 將研究小組（StudyGroup）與健身訓練（Workout）結合在一個型態裡面。當我們在 `Query` 裡面加入 `agenda` 欄位時，就將它定義成一個健身訓練或研究小組串列了。

你可以在一個聯合型態裡面組合任意數量的型態，只要用直立線符號來分開各個型態就可以了：

```
union = StudyGroup | Workout | Class | Meal | Meeting | FreeTime
```

介面

介面是另一種處理多型態欄位的方式。**介面**是可被物件型態實作的抽象型態。介面定義了實作它的物件應該加入的欄位。介面是在 schema 裡面組織程式碼的好地方，這種做法可以確保特定的型態一定含有可查詢的特定欄位，無論被回傳的是哪一個型態。

我們曾經在第三章寫過一個取得 `agenda` 的 query，它使用介面來回傳各種行事曆項目的欄位。復習一下：

```
query schedule {
  agenda {
    name
    start
```

```
        end
        ...on Workout {
          reps
        }
      }
    }
```

這是查詢一個實作了介面的 agenda 時的情況。用來當成行事曆介面的型態必須包含任何行程項目都要實作的欄位。這些欄位包括 name、start（開始）與 end（結束）時間。任何行程項目都必須這些資料才能列在行事曆上。

以下是在 GraphQL schema 中實作這個解決方案的方式：

```
scalar DataTime

interface AgendaItem {
    name: String!
    start: DateTime!
    end: DateTime!
}

type StudyGroup implements AgendaItem {
    name: String!
    start: DateTime!
    end: DateTime!
    participants: [User!]!
    topic: String!
}

type Workout implements AgendaItem {
    name: String!
    start: DateTime!
    end: DateTime!
    reps: Int!
}

type Query {
    agenda: [AgendaItem!]!
}
```

這個範例建立一個名為 AgendaItem 的介面。這個介面是可讓其他型態實作的抽象型態。其他型態實作介面時必須加入介面定義的欄位。StudyGroup 與 Workout 都實作介面，所以它們都必須有 name、start 與 end 欄位。查詢 agenda 會回傳一個 AgendaItem 型態的串列。任何實作 AgendaItem 介面的型態都可放在 agenda 串列內回傳。

注意，這些型態也可以實作其他的欄位。StudyGroup 有個 topic 與一串的 participants，而 Workout 仍然有 reps。你可以在 query 中使用 fragment 來選擇這些額外的欄位。

聯合型態與介面都是可以用來建立含有各種物件型態的欄位的工具。你可以自行決定使用它們的時機。一般來說，如果物件含有完全不同的欄位，使用聯合型態是較好的做法。它們都很有效。如果物件型態必須含有特定的欄位來與其他的物件型態連接，你就必須使用介面，而不是聯合型態。

引數

在 GraphQL 中，你可以將引數加到任何欄位，用引數來傳送可以影響 GraphQL 操作結果的資料。我們曾經在第三章看過 query 與 mutation 裡面的使用者引數了。接著說明如何在 schema 中定義引數。

Query 型態有列出 allUsers 或 allPhotos 的欄位，但是當你只想要選擇一位 User 或一張 Photo 時該怎麼做？此時要提供一些關於想要選擇的使用者或照片的資訊。你可以使用引數連同 query 一併傳送那項資訊：

```
type Query {
    ...
    User(githubLogin: ID!): User!
    Photo(id: ID!): Photo!
}
```

引數與欄位一樣，必須有個型態。在 schema 內可以使用的任何一種純量型態或物件型態都可以用來定義那個型態。為了選擇特定的使用者，我們必須以引數傳送那位使用者專屬的 githubLogin。下面的 query 只會選擇 MoonTahoe 的名字（name）與頭像（avatar）：

```
query {
    User(githubLogin: "MoonTahoe") {
        name
        avatar
    }
}
```

要選擇一張照片的資料，我們必須提供那張照片的 ID：

```
query {
    Photo(id: "14TH5B6NS4KIG3H4S") {
        name
        description
        url
    }
}
```

在這兩個例子中，我們都用引數來查詢一筆特定紀錄的細節。因為這些引數是必須的，所以它們被定義成不可為 null 的欄位。如果你在使用這些 query 時沒有提供 id 或 githubLogin，GraphQL 就會回傳錯誤。

過濾資料

引數並非必須“不可為 null”。我們可以使用“可為 null”的欄位來加入選用的引數。這意味著我們可以在執行查詢時提供引數作為選用的參數。例如，我們可以用照片種類來過濾 allPhotos query 回傳的照片串列：

```
type Query {
    ...
    allPhotos(category: PhotoCategory): [Photo!]!
}
```

我們在 allPhotos query 中加入一個選用的 category 欄位。這個 category（種類）必須匹配 enum 型態 PhotoCategory 的值。如果使用者傳送 query 時沒有提供種類值，我們假設這個欄位會回傳每一張照片，但是如果他提供種類，就可以取得一個過濾後的、屬於同一個種類的照片串列：

```
query {
    allPhotos(category: "SELFIE") {
        name
        description
        url
    }
}
```

這個 query 會回傳 SELFIE 種類的每張照片的 name、description 與 url。

資料分頁

如果 PhotoShare 一如預期地獲得成功，它就會有許多 `Users` 與 `Photos`。我們可能無法在 app 中回傳每位 `User` 或每張 `Photo`，此時可以使用 GraphQL 引數來控制 query 回傳的資料數量。這個程序稱為**資料分頁**，因為我們回傳特定數量的紀錄來代表一頁的資料。

為了實作資料分頁，我們要加入兩個選用引數：用 `first` 來接收應該一起回傳，將要在單一資料頁面中顯示的紀錄數量，以及用 `start` 來定義要回傳的第一筆紀錄的開始位置或索引。我們在這兩個串列 query 中加入這些引數：

```
type Query {
    ...
    allUsers(first: Int=50 start: Int=0): [User!]!
    allPhotos(first: Int=25 start: Int=0): [Photo!]!
}
```

上例加入選用引數 `first` 與 `start`。如果用戶端未在 query 中提供這些引數，我們就使用指定的預設值。在預設情況下，`allUsers` query 只回傳前 50 位使用者，`allPhotos` query 只回傳前 25 張照片。

用戶端可以提供這些引數值來查詢各種範圍的使用者或照片。例如，如果我們想要選擇第 90 到 100 位使用者，可使用下列 query：

```
query {
    allUsers(first: 10 start: 90) {
        name
        avatar
    }
}
```

這個 query 只選擇從第 90 位使用者開始的 10 位。它應該回傳這個範圍的使用者的 `name` 與 `avatar`。我們可以將項目總數除以一頁資料的數量來算出用戶端可以取得的總頁數：

```
pages = pageSize/total
```

排序

在查詢一串資料時，我們可能也想要定義回傳的資料串列的排序方式，此時也可以使用引數。

如果我們想要加入“排序任何一個 Photo 紀錄串列”的功能，其中一種做法是建立 enum 來指定用哪個欄位來排序 Photo 物件，以及如何排序這些欄位：

```
enum SortDirection {
    ASCENDING
    DESCENDING
}

enum SortablePhotoField {
    name
    description
    category
    created
}

Query {
    allPhotos(
        sort: SortDirection = DESCENDING
        sortBy: SortablePhotoField = created
    ): [Photo!]!
}
```

我們在 allPhotos query 中加入引數 sort 與 sortBy，並建立了一個名為 SortDirection 的 enum 型態，用它來將 sort 的值限制為 ASCENDING 或 DESCENDING。我們也建立另一個 enum 型態讓 SortablePhotoField 使用。我們不想要用所有欄位來排序照片，所以將 sortBy 值限制為只有四種照片欄位：name、description、category 或 created（添加照片的日期與時間）。sort 與 sortBy 都是選用的引數，所以當用戶端未提供它們的值時，預設值分別是 DESCENDING 與 created。

現在用戶端可以在發出 allPhotos query 時控制相片的排序方式了：

```
query {
    allPhotos(sortBy: name)
}
```

這個 query 會回傳所有照片，並且按名稱降序排序。

到目前為止，我們只在 Query 型態的欄位加入引數，但要注意的是，你也可以在任何欄位加入引數。我們可以幫使用者貼出的照片加上過濾、排序與分頁引數：

```
type User {
    postedPhotos(
        first: Int = 25
        start: Int = 0
```

```
        sort: SortDirection = DESCENDING
        sortBy: SortablePhotoField = created
        category: PhotoCategory
    ): [Photo!]
```

加入分頁過濾器可協助減少 query 回傳的資料數量。第七章會進一步討論限制資料的概念。

變動

mutation 必須在 schema 中定義。與 query 一樣，我們要在 schema 內，用 mutation 自訂的物件型態定義它。技術上，在 schema 中定義 mutation 與 query 的方式沒有任何差異。有差異的是它們的目的。你只需要在動作或事件會改變關於 app 的狀態時建立 mutation。

mutation 代表 app 的**動詞**，它們只應該包含使用者可以用你的服務做的事情。當你設計 GraphQL 服務時，可列出使用者可以用你的 app 做的所有動作，它們可能都是你的 mutation。

在 PhotoShare app 中，使用者可以登入 GitHub、貼出照片與標記照片。這些動作都會改變一些 app 的狀態。當使用者登入 GitHub 後，用戶端的使用者就會改變。當使用者貼出照片時，系統會多出一張照片。有人標記照片時也會改變狀態，每當有照片被標記時，就會產生新的照片標記資料紀錄。

我們可以將這些 mutation 加入 schema 內的根 mutation 型態，讓用戶端可以使用它們。我們從第一個 mutation `postPhoto` 開始寫起：

```
type Mutation {
    postPhoto(
        name: String!
        description: String
        category: PhotoCategory=PORTRAIT
    ): Photo!
}

schema {
    query: Query
    mutation: Mutation
}
```

在 Mutation 型態下面加入一個稱為 postPhoto 的欄位可讓使用者貼出照片。好吧，雖然第七章才會處理上傳照片的部分，至少目前可讓使用者貼出照片的詮釋資料。

當使用者貼出照片時，至少要提供照片的 name，而 description 與 category 是可選的。如果使用者沒有提供 category 引數，貼出的照片將會使用預設值 PORTRAIT。例如，使用者可以傳送下列的 mutation 來貼出照片：

```
mutation {
    postPhoto(name: "Sending the Palisades") {
        id
        url
        created
        postedBy {
            name
        }
    }
}
```

使用者可以在貼出照片後選擇關於剛才貼出的照片的資訊。這是很好的功能，因為有些新照片資料是在伺服器上產生的，例如新照片的 ID 是資料庫建立的，照片的 url 是自動生成的，我們也會幫照片加上它被 created（建立）時的日期與時間時戳。照片被貼出之後，query 可以選擇以上所有新欄位。

此外，選擇組也有關於貼出照片的使用者的資訊。使用者必須登入才能貼出照片。如果目前沒有登入的使用者，這個 mutation 就要回傳錯誤。如果有使用者登入了，我們可以透過 postedBy 欄位來取得關於誰貼出照片的資料。我們將在第五章討論如何使用存取權杖來驗證獲得授權的使用者。

mutation 變數

使用 mutation 時，像第三章那樣宣告 mutation 變數是很好的做法，這樣可讓 mutation 在建立許多使用者時重複使用它們，也可以幫助你在實際的用戶端上使用那個 mutation。為了節省篇幅，本章剩餘的部分將省略這個步驟，以下是它的樣貌：

```
mutation postPhoto(
    $name: String!
    $description: String
    $category: PhotoCategory
) {
```

```
            postPhoto(
                name: $name
                description: $description
                category: $category
            ) {
                id
                name
                email
            }
        }
```

輸入型態

你或許已經發現，有一些 query 與 mutation 的引數愈來愈長了。有一種調整這些引數的好方法——使用**輸入型態**。輸入型態類似 GraphQL 物件型態，但它只供輸入引數使用。

我們在引數使用輸入型態來改善 postPhoto mutation：

```
input PostPhotoInput {
  name: String!
  description: String
  category: PhotoCategory=PORTRAIT
}

type Mutation {
    postPhoto(input: PostPhotoInput!): Photo!
}
```

PostPhotoInput 型態就像物件型態，但是它只供輸入引數使用。它規定 name 與 description 是必須的，但 category 欄位仍然是選用的。現在當你傳送 postPhoto mutation 時，要將新照片的相關資料放在一個物件裡面：

```
mutation newPhoto($input: PostPhotoInput!) {
    postPhoto(input: $input) {
        id
        url
        created
    }
}
```

我們建立這個 mutation 時，將 `$input` 查詢變數的型態設成 `PostPhotoInput!` 輸入型態。它不可為 null，因為我們至少要用 `input.name` 欄位來加入新照片。當我們傳送這個 mutation 時，必須用 `input` 欄位內的查詢變數來提供新照片的資料：

```
{
    "input": {
        "name": "Hanging at the Arc",
        "description": "Sunny on the deck of the Arc",
        "category": "LANDSCAPE"
    }
}
```

我們的輸入被一起放在一個 JSON 物件裡面，並且在 "input" 鍵底下以 query 變數與 mutation 一起送出。因為查詢變數被格式化為 JSON，category 必須是個符合 `PhotoCategory` 的其中一種分類的字串。

輸入型態是建構與編寫簡明的 GraphQL schema 的關鍵元素。你可以將輸入型態當成任何欄位的引數，也可以在 app 中用它們來改善資料分頁與資料過濾。

我們來看一下如何使用輸入型態來架構與重複使用所有的排序與過濾欄位：

```
input PhotoFilter {
    category: PhotoCategory
    createdBetween: DateRange
    taggedUsers: [ID!]
    searchText: String
}

input DateRange {
    start: DateTime!
    end: DateTime!
}

input DataPage {
    first: Int = 25
    start: Int = 0
}

input DataSort {
    sort: SortDirection = DESCENDING
    sortBy: SortablePhotoField = created
}

type User {
    ...
```

```
    postedPhotos(filter:PhotoFilter paging:DataPage sorting:DataSort): [Photo!]!
    inPhotos(filter:PhotoFilter paging:DataPage sorting:DataSort): [Photo!]!
}

type Photo {
    ...
    taggedUsers(sorting:DataSort): [User!]!
}

type Query {
    ...
    allUsers(paging:DataPage sorting:DataSort): [User!]!
    allPhotos(filter:PhotoFilter paging:DataPage sorting:DataSort): [Photo!]!
}
```

我們在輸入型態下面加入許多欄位，並且在 schema 中將這些欄位當成引數重複使用。

PhotoFilter 輸入型態有選用的輸入欄位，可讓用戶端過濾照片串列。PhotoFilter 型態的 createdBetween 欄位有個嵌套的輸入型態 DateRange。DateRange 裡面必須有開始與結束日期。使用 PhotoFilter，我們可以用 category、search 字串或 taggedUsers 來過濾照片。我們在每一個回傳一串照片的欄位加入所有過濾選項，讓用戶端可以更精準地控制想以各個串列回傳的照片。

我們也為分頁和排序建立輸入型態。DataPage 輸入型態含有請求一頁資料所需的欄位，而 DataSort 輸入型態含有我們的排序欄位。我們在 schema 中，將這些輸入型態加入每一個回傳一串資料的欄位。

我們可以使用這些輸入型態來寫一個 query 來接收一些相當複雜的輸入資料：

```
query getPhotos($filter:PhotoFilter $page:DataPage $sort:DataSort) {
    allPhotos(filter:$filter paging:$page sorting:$sort) {
        id
        name
        url
    }
}
```

這段 query 可選擇接收三種輸入型態的引數：$filter、$page 與 $sort。使用查詢變數時，我們可以傳送一些細節來取得照片：

```
{
    "filter": {
        "category": "ACTION",
        "taggedUsers": ["MoonTahoe", "EvePorcello"],
```

```
            "createdBetween": {
                "start": "2018-11-6",
                "end": "2018-5-31"
            }
        },
        "page": {
            "first": 100
        }
    }
```

這個 query 會找出在 11 月 6 日與 5 月 31 日之間，裡面有被標記的 GitHub 使用者 MoonTahoe 與 EvePorcello 的 ACTION 照片，這段日期剛好是滑雪季節。我們也在這個查詢中指定取得前 100 張照片。

輸入型態可協助我們組織 schema 與重複使用引數。它們也可以改善 GraphiQL 或 GraphQL Playground 自動產生的 schema 文件，讓你的 API 更容易使用，且更容易理解與消化。最後，你可以使用輸入型態來授權用戶端執行整潔有序的 query 。

回傳型態

現在 schema 的所有欄位都回傳主要的型態，User 與 Photo。但除了實際的承載資料（payload data）之外，有時我們也需要回傳關於 query 與 mutation 的詮釋資訊。例如，如果有使用者已經登入並且通過驗證了，除了 User 承載資料之外，我們也需要回傳權杖。

為了用 GitHub OAuth 登入使用者，我們必須從 GitHub 取得 OAuth 碼。我們會在第 110 頁的"GitHub 授權"說明如何設定你自己的 GitHub OAuth 帳號並取得 GitHub 碼。我們先假設你已經取得有效的 GitHub 碼，可傳送給 githubAuth mutation 來登入使用者了：

```
type AuthPayload {
    user: User!
    token: String!
}

type Mutation {
    ...
    githubAuth(code: String!): AuthPayload!
}
```

我們藉由傳送有效的 GitHub 碼給 githubAuth mutation 來驗證使用者，成功後，回傳一個自訂的物件型態，裡面有成功登入的使用者的資訊、可用來做進一步授權的權杖，以及包括 postPhoto mutation 的多個 mutation。

你可以在任何“需要除了承載資料之外的資料”的欄位使用自訂回傳型態。或許除了查詢承載資料之外，我們也想要知道一個 query 需要多少時間來傳遞回應，或是在某個回應中可找到多少結果。你可以使用自訂的回傳型態來處理這類的事情。

目前為止，我們已經介紹可以用來建立 GraphQL schema 的所有型態了。我們甚至花了一點時間來討論可協助改善 schema 的設計的技術。但是最後我還要介紹一種根物件型態——Subscription 型態。

訂閱

Subscription 型態與 GraphQL schema 定義語言的任何其他物件型態沒有什麼不同。我們要在自訂物件型態內將 subscription 定義成欄位。當我們在第七章建立 GraphQL 服務時，要自行確保 subscription 實作了 PubSub 設計模式以及一種即時傳輸。

例如，我們可以加入 subscription 來讓用戶端監聽 Photo 或 User 型態的建立：

```
type Subscription {
    newPhoto: Photo!
    newUser: User!
}

schema {
    query: Query
    mutation: Mutation
    subscription: Subscription
}
```

我們在這裡建立一個自訂的 Subscription 物件，它有兩個欄位：newPhoto 與 newUser。當使用者貼出新照片時，那張新照片會被推送到訂閱 newPhoto subscription 的所有用戶端。有新的使用者被建立時，他們的資料會被推送到每一個監聽新使用者的用戶端。

subscription 與 query 或 mutation 一樣可以使用引數。假設我們要在 newPhoto subscription 加入過濾器，讓它只監聽新的 ACTION 照片：

```
type Subscription {
    newPhoto(category: PhotoCategory): Photo!
    newUser: User!
}
```

現在當使用者訂閱 newPhoto subscription 時，他們可以過濾被送到這個 subscription 的照片。例如，若要濾出新的 ACTION 照片，用戶端可傳送下列的操作給 GraphQL API：

```
subscription {
    newPhoto(category: "ACTION") {
        id
        name
        url
        postedBy {
            name
        }
    }
}
```

這個訂閱只會回傳 ACTION 照片的資料。

如果即時處理資料是很重要的功能，訂閱是很好的解決方案。第七章會進一步討論滿足所有即時資料處理需求的訂閱做法。

schema 文件

第三章解釋了 GraphQL 是一種自我查詢系統，可告訴你伺服器提供哪些查詢。當你編寫 GraphQL schema 時，可以為各個欄位加入額外的說明，來提供這個 schema 的型態與欄位的額外資訊。提供說明可以讓你的團隊、你自己，以及 API 的其他使用者更容易瞭解型態系統。

例如，我們在 schema 中加入 User 型態的註釋：

```
"""
A user who has been authorized by GitHub at least once
"""
type User {

    """
    The user's unique GitHub login
    """
    githubLogin: ID!
```

```
    """
    The user's first and last name
    """
    name: String

    """
    A url for the user's GitHub profile photo
    """
    avatar: String

    """
    All of the photos posted by this user
    """
    postedPhotos: [Photo!]!

    """
    All of the photos in which this user appears
    """
    inPhotos: [Photo!]!

}
```

當你在各個型態或欄位註釋的上面和下面加上三個引號之後，就提供一個 API 的字典給使用者了。除了型態與欄位之外，你也可以註釋引數。我們來看一下 postPhoto mutation：

```
Replace with:

  type Mutation {
    """
    Authorizes a GitHub User
    """
    githubAuth(
      "The unique code from GitHub that is sent to authorize the user"
      code: String!
    ): AuthPayload!
  }
```

這個引數註釋說明引數的名稱，以及這個欄位是不是選用的。如果你使用輸入型態的話，也可以像任何其他型態一樣註釋它們：

```
"""
The inputs sent with the postPhoto Mutation
"""
input PostPhotoInput {
```

```
    "The name of the new photo"
    name: String!
    "(optional) A brief description of the photo"
    description: String
    "(optional) The category that defines the photo"
    category: PhotoCategory=PORTRAIT
  }

  postPhoto(
        "input: The name, description, and category for a new photo"
        input: PostPhotoInput!
  ): Photo!
```

接下來這些文件註釋都會被列在 GraphQL Playground 或 GraphiQL 的 schema 文件裡面，如圖 4-4 所示。當然，你也可以發出自我查詢來列出這些型態的說明。

postPhoto(
input: PostPhotoInput!
): Photo!

Adds a new photo

Arguments input: The name, description, and category for a new photo

圖 4-4 postPhoto 註釋

堅實的、定義良好的 schema 是任何 GraphQL 專案的核心。它是前端與後端團隊共用的路線圖與契約，可確保一起建構的產品必定滿足 schema。

本章為照片分享 app 建立了一個 schema。在接下來的三章，我要告訴你如何建構滿足這個 schema 契約的完整 GraphQL app。

第五章

建立 GraphQL API

你已經知道歷史典故、寫了一些 query，並且建立一個 schema 了。現在你已經準備好，可以建立一個功能完善的 GraphQL 服務了。我們可以採用各種不同的技術來完成這項工作，但是接下來要使用 JavaScript。本書介紹的技術是相當通用的，雖然實作的細節不同，但無論你選擇哪種語言與框架，整體的結構都是類似的。

如果你想要瞭解其他語言的伺服器程式庫，可到 GraphQL.org（*http://graphql.org/code/*）查看許多既有的選項。

當 GraphQL 在 2015 年發表規格時，它把焦點放在“明確地解釋查詢語言與型態系統”，刻意不講明伺服器的實作細節，允許具備各種語言背景的開發者使用他們最熟悉的語言。Facebook 的團隊以 JavaScript 寫了一個參考作品，稱為 GraphQL.js，並且與它一起發表了 *express-graphql*，它是以 Express 建構 GraphQL 伺服器的簡單做法，值得特別強調的是，它是第一個可協助開發者完成工作的程式庫。

介紹以 JavaScript 製作 GraphQL 伺服器之後，我們選擇使用 Apollo Server（*https://www.apollographql.com/docs/apollo-server/v2/*），它是 Apollo 團隊提供的開放原始碼解決方案。Apollo Server 相當容易設定，且提供一系列的準產品功能，包括訂閱支援、檔案上傳、可快速連接既有服務的資料來源 API，及立即可用的 Apollo Engine 集成。它也包含 GraphQL Playground，可讓你直接在瀏覽器內編寫 query。

設定專案

我們先在電腦裡面用一個空的資料夾建立 photo-share-api 專案。請記得，你隨時都可以造訪 *Learning GraphQL* 存放區（*https://github.com/MoonHighway/learning-graphql/tree/master/chapter-05/photo-share-api/*）來查看完成後的專案，或是在 Glitch 上運行的專案。在終端機或命令提示字元使用 npm init -y 命令在這個資料夾裡面建立一個新的 npm 專案。這個工具程式會產生一個 package.json 檔案，而且因為我們使用 -y 旗標，所有的選項都會被設成預設值。

接著安裝專案依賴項目：apollo-server 與 graphql，並安裝 nodemon：

```
npm install apollo-server graphql nodemon
```

apollo-server 與 graphql 都需要設定一個 Apollo Server 實例。nodemon 將監視檔案的變更，並且在我們做出更改時重新啟動伺服器。如此一來，我們就不用在每次更改時都要停止並重新啟動伺服器了。我們在 package.json 的 scripts 鍵加入 nodemon 命令：

```
"scripts": {
  "start": "nodemon -e js,json,graphql"
}
```

接著每當我們執行 npm start 時，index.js 檔案都會執行，且 nodemon 會監視副檔名為 js、json 或 graphql 的任何檔案的改變。此外，我們要在專案根目錄建立一個 index.js 檔案。先確定 package.json 裡面的 main 檔案指向 index.js：

```
"main": "index.js"
```

解析函式

截至目前為止，我們在討論 GraphQL 時將很多精力放在 query 上。schema 定義了用戶端可執行的查詢操作，以及各種型態之間的關係。schema 描述了資料需求，但不會執行取得該資料的工作，這是解析函式的工作。

解析函式（*resolver*）是回傳特定欄位資料的函式。解析函式會以 schema 定義的型態與外形來回傳資料。解析函式可非同步執行，也可以從 REST API、資料庫或任何其他服務抓取或對它們上傳資料。

我們來看一下根 query 的解析函式長怎樣。我們在專案根目錄的 index.js 檔案的 Query 加入 totalPhotos 欄位：

```
const typeDefs = `
    type Query {
        totalPhotos: Int!
    }
`

const resolvers = {
  Query: {
    totalPhotos: () => 42
  }
}
```

typeDefs 變數是定義 schema 的地方。這只是個字串。當我們建立 totalPhotos 這類的 query 時，必須提供一個名稱相同的解析函式來支援它。我們用型態定義來描述該欄位應回傳哪一種型態。解析函式會從某處回傳該型態的資料（在此只是靜態值 42）。

另外要特別注意的是，你必須在“typename 與 schema 內物件相同的物件”底下定義解析函式。totalPhotos 欄位是查詢物件的一部分。這個欄位的解析函式也必須在 Query 物件裡面。

我們已經為根 query 建立初始的型態定義，也建立支援 totalPhotos 查詢欄位的第一個解析函式了。為了建立 schema 並且讓用戶端對著 schema 執行 query，我們要使用 Apollo Server：

```
// 1. require 'apollo-server'
const { ApolloServer } = require('apollo-server')

const typeDefs = `
        type Query {
                totalPhotos: Int!
        }
`

const resolvers = {
  Query: {
    totalPhotos: () => 42
  }
}

// 2. 建立伺服器的新實例
// 3. 傳送一個含有 typeDefs（schema）與 resolvers 的物件給它
```

```
const server = new ApolloServer({
  typeDefs,
  resolvers
})

// 4. 對著伺服器呼叫 listen 來啟動 web 伺服器
server
  .listen()
  .then(({url}) => console.log(`GraphQL Service running on ${url}`))
```

require ApolloServer 之後，我們建立一個新的伺服器實例，傳送含有兩個值（typeDefs 與 resolvers）的物件給它。這是既簡單且快速的伺服器設定法，但我們依然可以藉此建構一個強大的 GraphQL API。在本章稍後，我們要討論如何使用 Express 來擴充伺服器的功能。

此時，我們已經執行了一個索取 totalPhotos 的 query 了。執行 npmstart 之後，我們可以看到 GraphQL Playground 正在 http://localhost:4000 運行。試試這個 query ：

```
{
    totalPhotos
}
```

一如預期，totalPhotos 回傳 42：

```
{
  "data": {
    "totalPhotos": 42
  }
}
```

解析函式是製作 GraphQL 的關鍵。每個欄位都要有個對應的解析函式。解析函式必須遵守 schema 的規則。它的名稱必須和在 schema 內定義的欄位名稱一樣，而且它必須回傳在 schema 定義的資料型態。

根解析函式

第四章談過，GraphQL API 有 Query、Mutation 與 Subscription 根型態。這些型態位於最頂層，代表 API 的所有入口。到目前為止，我們已經在 Query 型態加入 totalPhotos 欄位了，代表 API 可以查詢這個欄位。

我們來為 Mutation 建立根型態。這個 mutation 欄位稱為 postPhoto，它可接收 String 型態的 name 與 description 引數。當 mutation 被送出時，它必須回傳一個 Boolean：

```
const typeDefs = `
    type Query {
        totalPhotos: Int!
    }

    type Mutation {
    postPhoto(name: String! description: String): Boolean!
  }
`
```

建立 postPhoto mutation 之後，我們要在 resolvers 物件內加入對應的解析函式：

```
// 1. 照片在記憶體內的資料型態
var photos = []

const resolvers = {
  Query: {

    // 2. 回傳 photos 陣列的長度
    totalPhotos: () => photos.length

  },

  // 3.Mutation 與 postPhoto 解析函式
  Mutation: {
    postPhoto(parent, args) {
        photos.push(args)
        return true
    }
  }

}
```

首先，我們必須建立一個稱為 photos 的變數，用來將照片的細節儲存在陣列中。本章稍後會將照片存放在資料庫內。

接著，我們修改 totalPhotos 解析函式，讓它回傳 photos 陣列的長度。當這個欄位被查詢時，它會回傳目前在陣列中的照片數量。

接著加入 postPhoto 解析函式。我們這一次在 postPhoto 函式中使用引數。第一個引數是父物件的參考。有時你會看到一些文件用 _、root 或 obj 來代表它。在本例，postPhoto 解析函式的父物件是 Mutation。目前我們不會使用父物件的資料，但它必定是解析函式的第一個引數，因此，我們要加入一個預留的 parent 引數，這樣才可以使用解析函式的第二個引數：mutation 的引數。

送給 postPhoto 解析函式的第二個引數是傳給這項操作的 GraphQL 引數：name 以及選擇性的 description。args 變數是含有 {name,description} 這兩個欄位的物件。目前這些引數代表一個照片物件，所以我們直接將它們傳給 photos 陣列。

接下來我們要在 GraphQL Playground 中測試 postPhoto mutation，傳送一個字串給 name 引數：

```
mutation newPhoto {
    postPhoto(name: "sample photo")
}
```

這個 mutation 會將照片細節加入陣列並回傳 true。接著使用查詢變數來修改這個 mutation：

```
mutation newPhoto($name: String!, $description: String) {
    postPhoto(name: $name, description: $description)
}
```

將變數加入 mutation 後，我們必須傳送資料來提供字串變數。我們在 Playground 的左下角將 name 與 description 的值加到 Query Variables 視窗：

```
{
    "name": "sample photo A",
    "description": "A sample photo for our dataset"
}
```

型態解析函式

當你執行 GraphQL query、mutation 或 subscription 時，它會回傳外形與 query 相同的結果。我們知道解析函式可回傳純量型態值，例如整數、字串與布林，但解析函式也可以回傳物件。

我們要在照片 app 中建立一個 Photo 型態與一個將會回傳一串 Photo 物件的 allPhotos query 欄位：

```
const typeDefs = `

  # 1. 加入 Photo 型態定義
    type Photo {
      id: ID!
      url: String!
      name: String!
      description: String
    }

  # 2. 從 allPhotos 回傳 Photo
    type Query {
      totalPhotos: Int!
      allPhotos: [Photo!]!
    }

  # 3. 從 mutation 回傳新貼出的照片
    type Mutation {
      postPhoto(name: String! description: String): Photo!
    }
`
```

因為我們在型態定義中加入 Photo 物件與 allPhotos query，所以必須在解析函式中做對應的調整。postPhoto mutation 必須回傳外形為 Photo 型態的資料。allPhotos query 必須回傳一串外形與 Photo 型態一樣的物件：

```
// 1. 我們將遞增這個變數來產生不重複的 id
var _id = 0
var photos = []

const resolvers = {
  Query: {
    totalPhotos: () => photos.length,
    allPhotos: () => photos
  },
  Mutation: {
    postPhoto(parent, args) {

      // 2. 建立新照片，與產生一個 id
        var newPhoto = {
          id: _id++,
          ...args
        }
```

```
      photos.push(newPhoto)

      // 3. 回傳新照片
      return newPhoto

    }
  }
}
```

因為 Photo 型態需要一個 ID，所以我們建立一個變數來儲存 ID。我們會在 postPhoto 解析函式裡面遞增這個值來產生 ID。args 變數提供照片的 name 與 description 欄位，但我們也需要 ID。是否建立代碼與時戳之類的變數通常是由伺服器決定的，所以當我們在 postPhoto 解析函式裡面建立新的照片物件時，會在新的照片物件中加入 ID 欄位，以及從 args 展開的 name 和 description 欄位。

這個 mutation 會回傳一個外形符合 Photo 型態的物件，而不是回傳布林值。這個物件是用生成的 ID 及以 data 傳入的 name 和 description 欄位來建構的。此外，postPhoto mutation 也會在 photos 陣列加入照片物件。這些物件的外形符合在 schema 中定義的 Photo 型態的外形，所以我們可以從 allPhotos query 回傳整個 photos 組成的陣列。

用遞增的變數來產生不重複的 ID 顯然是相當沒彈性的做法，但已經足以當成範例了。在實際的 app 中，你應該讓資料庫產生 ID。

我們可以調整 mutation 來確認 postPhoto 可正確地運作。因為 Photo 是一種型態，我們必須在 mutation 中加入一個選擇組。

```
mutation newPhoto($name: String!, $description: String) {
    postPhoto(name: $name, description: $description) {
        id
        name
        description
    }
}
```

用 mutation 加入一些照片之後，下面的 allPhotos query 可回傳一個包含所有新增的 Photo 物件的陣列：

```
query listPhotos {
    allPhotos {
        id
        name
```

```
        description
      }
    }
```

我們也曾經在照片 schema 加入一個不可為 null 的 url 欄位。當我們在選擇組加入一個 url 時會發生什麼事情？

```
query listPhotos {
    allPhotos {
        id
        name
        description
        url
    }
}
```

當我們在 query 的選擇組加入 url 時，會顯示一個錯誤：Cannot return null for non-nullable field Photo.url。我們並未在資料集中加入 url 欄位。我們不需要儲存 URL，因為它們無法自動產生。schema 的每一個欄位都對應一個解析函式。我們只要在解析函式清單加入一個 Photo 物件，並定義想要對應函式的欄位即可。在本例中，我們想要使用一個函式來協助解析 URL：

```
const resolvers = {
  Query: { ... },
  Mutation: { ... },
  Photo: {
    url: parent => `http://yoursite.com/img/${parent.id}.jpg`
  }
}
```

因為我們將要使用照片 URL 的解析函式，所以在解析函式中加入一個 Photo 物件。這個在根部加入的 Photo 解析函式稱為 *trivial* **解析函式**。我們會在 resolvers 物件的最頂層加入 trivial 解析函式，但它們不是必要的。我們可以使用 trivial 解析函式來為 Photo 物件建立自訂解析函式。如果你沒有指定 trivial 解析函式，GraphQL 會退回去使用預設的解析函式，回傳與欄位同名的特性。

在 query 中選擇照片的 url 時會呼叫對應的解析函式。解析函式的第一個引數一定是 parent 物件。在本例中，parent 代表目前被解析的 Photo 物件。假設我們的服務只能處理 JPEG 圖像，這些圖像是用它們的照片 ID 來命名的，可以用 http://yoursite.com/img/ 路由來找到。因為 parent 是照片，我們可以透過這個引數來取得照片的 ID，並用它來自動產生當前照片的 URL。

當我們定義 GraphQL schema 時，就是在描述 app 的資料需求。使用解析函式可讓我們有充分的能力與彈性滿足這些需求。函式提供這些能力與彈性。函式可以是非同步的、可以回傳純量型態和物件，也可以從各種來源回傳資料。解析函式只是個函式，GraphQL schema 的每一個欄位都可以對應一個解析函式。

使用輸入與 enum

接下來我們要在 typeDefs 加入一種 enum 型態：PhotoCategory，以及一種輸入型態：PostPhotoInput：

```
enum PhotoCategory {
  SELFIE
  PORTRAIT
  ACTION
  LANDSCAPE
  GRAPHIC
}

type Photo {
  ...
  category: PhotoCategory!
}

input PostPhotoInput {
  name: String!
  category: PhotoCategory=PORTRAIT
  description: String
}

type Mutation {
  postPhoto(input: PostPhotoInput!): Photo!
}
```

我們在第四章設計 PhotoShare app 的 schema 時曾經建立這些型態。當時我們也在照片中加入 PhotoCategory enum 型態與 category 欄位。在解析照片時，我們必須確保照片分類（它是個字串，應符合在 enum 型態內定義的值）是有效的。我們也要在使用者貼出新照片時接收分類。

我們在單一物件下加入一個 PostPhotoInput 型態來整合 postPhoto mutation 的引數。這個輸入型態有個 category 欄位。就算使用者沒有提供引數值給 category 欄位，我們也會使用預設的 PORTRAIT。

我們也必須稍微修改 postPhoto 解析函式。現在我們將照片的細節，包括 name、description 與 category 放在 input 欄位裡面。我們必須對著 args.input 存取這些值，而不是 args：

```
postPhoto(parent, args) {
    var newPhoto = {
        id: _id++,
        ...args.input
    }
    photos.push(newPhoto)
    return newPhoto
}
```

現著我們用新的輸入型態執行 mutation：

```
mutation newPhoto($input: PostPhotoInput!) {
  postPhoto(input:$input) {
    id
    name
    url
    description
    category
  }
}
```

我們也必須在 Query Variables 面板中傳送對應的 JSON：

```
{
  "input": {
    "name": "sample photo A",
    "description": "A sample photo for our dataset"
 }
}
```

如果用戶端未提供 category，它會使用預設的 PORTRAIT。或者，如果用戶端提供 category 的值，我們就用 enum 型態來驗證它，再將操作送給伺服器。當它是有效的 category 時，我們用引數將它傳給解析函式。

藉由輸入型態，我們更容易重複使用“由用戶端傳遞引數給 mutation”的操作，且較不容易出錯。藉由結合輸入型態與 enum，我們可以更瞭解特定欄位可用的輸入型態有哪些。輸入與 enum 是很棒的功能，且同時使用可發揮更好的效果。

邊與連結

之前提過，GraphQL 的威力來自邊，也就資料點之間的連結。當你建構 GraphQL 伺服器時，型態通常對應模型。你可以想像這些型態像資料一樣被存放在表格內，我們可以在那裡用連結（connections）來連接型態。接下來要討論我們可以使用哪種連結來定義型態之間的相互關係。

一對多連結

使用者必須能夠讀取貼過的照片。我們要在一個名為 postedPhotos 的欄位讀取這種資料，它會被解析成使用者貼過的照片清單，而且這些照片會被過濾。因為一位 User 可貼出多張 Photos，我們將它稱為**一對多關係**。我們將 User 加入 typeDefs：

```
type User {
  githubLogin: ID!
  name: String
  avatar: String
  postedPhotos: [Photo!]!
}
```

此時，我們已經建立一個有向圖了。我們可以從 User 型態走到 Photo 型態。要產生無向圖，我們必須提供一條從 Photo 型態走回 User 型態的連結。我們在 Photo 型態中加入 postedBy 欄位：

```
type Photo {
  id: ID!
  url: String!
  name: String!
  description: String
  category: PhotoCategory!
  postedBy: User!
}
```

藉由加入 postedBy 欄位，我們建立一條可返回貼出 Photo 的 User 的連結，建立一個無向圖。這是**一對一連結**，因為一張照片只能由一位 User 貼出。

使用者樣本

為了測試伺服器，我們要在 index.js 檔案裡面加入一些樣本資料。請先移除目前被設為空陣列的 photos 變數：

```
var users = [
  { "githubLogin": "mHattrup", "name": "Mike Hattrup" },
  { "githubLogin": "gPlake", "name": "Glen Plake" },
  { "githubLogin": "sSchmidt", "name": "Scot Schmidt" }
]

var photos = [
  {
    "id": "1",
    "name": "Dropping the Heart Chute",
    "description": "The heart chute is one of my favorite chutes",
    "category": "ACTION",
    "githubUser": "gPlake"
  },
  {
    "id": "2",
    "name": "Enjoying the sunshine",
    "category": "SELFIE",
    "githubUser": "sSchmidt"
  },
  {
    id: "3",
    "name": "Gunbarrel 25",
    "description": "25 laps on gunbarrel today",
    "category": "LANDSCAPE",
    "githubUser": "sSchmidt"
  }
]
```

因為連結是用物件型態的欄位建立的，所以它們可以對應解析函式。在這些函式中，我們可以使用父物件的資料來協助找到有關的資料並回傳。

我們將 postedPhotos 與 postedBy 解析函式加入服務：

```
const resolvers = {
  ...
  Photo: {
    url: parent => `http://yoursite.com/img/${parent.id}.jpg`,
    postedBy: parent => {
```

```
        return users.find(u => u.githubLogin === parent.githubUser)
      }
    },
    User: {
      postedPhotos: parent => {
        return photos.filter(p => p.githubUser === parent.githubLogin)
      }
  }
```

在 Photo 解析函式中，我們必須為 postedBy 加入一個欄位。我們可以自行決定如何在這個解析函式裡面找到連接的資料。我們使用 .find() 陣列方法取得 githubLogin 符合每張照片的 githubUser 值的使用者。.find() 方法可回傳一個使用者物件。

我們在 User 解析函式裡面使用陣列的 .filter() 方法來取得該位使用者貼過的照片。這個方法會回傳一個陣列，裡面只有 githubUser 符合當前使用者的 githubLogin 的照片。這個過濾方法會回傳一個照片陣列。

接著我們試著傳送 allPhotos query：

```
query photos {
  allPhotos {
    name
    url
    postedBy {
      name
    }
  }
}
```

當我們查詢每張照片時，都能夠查出張貼那張照片的使用者。解析函式可以找到使用者物件並回傳它。在本例中，我們只選擇貼出照片的使用者的名字。當你使用上面的樣本資料時，回傳的結果應該是下列的 JSON：

```
{
  "data": {
    "allPhotos": [
      {
        "name": "Dropping the Heart Chute",
        "url": "http://yoursite.com/img/1.jpg",
        "postedBy": {
          "name": "Glen Plake"
        }
      },
      {
```

```
          "name": "Enjoying the sunshine",
          "url": "http://yoursite.com/img/2.jpg",
          "postedBy": {
            "name": "Scot Schmidt"
          }
        },
        {
          "name": "Gunbarrel 25",
          "url": "http://yoursite.com/img/3.jpg",
          "postedBy": {
            "name": "Scot Schmidt"
          }
        }
      ]
    }
  }
```

我們要自行連接資料與解析函式，但是一旦我們能夠回傳那個連接的資料，用戶端就可以開始編寫功能強大的 query。在下一節，我要告訴你一些建立多對多連結的技術。

多對多

接下來要在服務中加入“在照片中標記使用者”的功能。這意味著一位 User 可被標記在許多不同的照片中，而一張 Photo 裡面可以標記許多不同的使用者。使用者與照片透過標記建立的關係稱為**對多對**——多位使用者對多張照片。

為了建立多對多關係，我們在 Photo 加入 taggedUsers 欄位，在 User 加入 inPhotos 欄位。我們來修改 typeDefs：

```
type User {
      ...
      inPhotos: [Photo!]!
  }

  type Photo {
      ...
      taggedUsers: [User!]!
}
```

taggedUsers 欄位會回傳一串使用者，而 inPhotos 欄位會回傳內含某位使用者的照片串列。為了實作這個多對多連結，我們必須加入一個標記（tags）陣列。為了測試標記功能，我們要先填寫一些標記的樣本資料：

```
var tags = [
    { "photoID": "1", "userID": "gPlake" },
    { "photoID": "2", "userID": "sSchmidt" },
    { "photoID": "2", "userID": "mHattrup" },
    { "photoID": "2", "userID": "gPlake" }
]
```

當我們有張照片時，必須搜尋資料集來找出在照片中被標記的使用者。當我們有一位使用者時，就可以找到內含該位使用者的照片串列。因為目前的資料被放在 JavaScript 陣列裡面，所以我們在解析函式裡面使用陣列方法來尋找資料：

```
Photo: {
    ...
    taggedUsers: parent => tags

      // 回傳一個只含有當前照片的 tag 陣列
      .filter(tag => tag.photoID === parent.id)

      // 將 tag 陣列轉換成 userID 陣列
      .map(tag => tag.userID)

      // 將 userID 陣列轉換成使用者物件陣列
      .map(userID => users.find(u => u.githubLogin === userID))

  },
  User: {
    ...
    inPhotos: parent => tags

      // 回傳一個只含有當前使用者的 tag 陣列
      .filter(tag => tag.userID === parent.id)

      // 將 tag 陣列轉換成 photoID 陣列
      .map(tag => tag.photoID)

      // 將 photoID 陣列轉換成照片物件陣列
      .map(photoID => photos.find(p => p.id === photoID))

  }
```

`taggedUsers` 欄位解析函式會濾除所有非當前照片的照片，並將過濾後的串列對應到實際的 `User` 物件組成的陣列。`inPhotos` 欄位解析函式會用使用者來過濾標記，並將使用者標記對應到實際的 `Photo` 物件組成的陣列。

接著我們可以傳送一個 GraphQL query 來查看有哪些使用者被標記在每一張照片中：

```
query listPhotos {
  allPhotos {
    url
    taggedUsers {
      name
    }
  }
}
```

你應該會發現，我們有個 tags 的陣列，但沒有稱為 Tag 的 GraphQL 型態。GraphQL 並不要求資料模型完全匹配 schema 內的型態。用戶端可以藉由查詢 User 型態或 Photo 型態在每張照片找到被標記的使用者，以及有某位使用者被標記的照片。他們不需要查詢 Tag 型態，這只會讓事情更複雜。我們已經完成在解析函式中尋找被標記的使用者或照片的工作了，這可以讓用戶端更容易查詢這些資料。

自訂純量

第四章談過，GraphQL 有一群預設的純量型態可以在任何欄位中使用。Int、Float、String、Boolean 與 ID 之類的純量可在大部分的情況下使用，但是有時你可能需要建立自訂的純量型態來滿足資料的需求。

當我們實作自訂純量時，必須建立一些關於如何序列化和驗證型態的規則。例如，當我們建立 DateTime 型態時，也要定義怎樣的 DateTime 才可以視為有效的。

我們接下來在 typeDefs 裡面加入這個自訂的 DateTime 純量，並且在 Photo 型態的 created 欄位中使用它。我們用 created 欄位來儲存照片被貼出的日期與時間：

```
const typeDefs = `
  scalar DateTime
  type Photo {
    ...
    created: DateTime!
  }
  ...
`
```

schema 的每一個欄位都要對應一個解析函式。created 欄位要對應一個 DateTime 型態的解析函式。為 DateTime 建立自訂純量型態的原因是我們想要將任何使用這個純量的欄位解析為 JavaScript Date 型態並加以驗證。

考慮各種用字串來表示日期與時間的方式，以下的字串都代表有效的日期：

- “4/18/2018”
- “4/18/2018 1:30:00 PM”
- “Sun Apr 15 2018 12:10:17 GMT-0700 (PDT)”
- “2018-04-15T19:09:57.308Z”

我們可以用 JavaScript 將上面的任何字串做成 datetime 物件：

```
var d = new Date("4/18/2018")
console.log( d.toISOString() )
// "2018-04-18T07:00:00.000Z"
```

上面的程式用一種格式建立一個新的日期物件，接著將那個 datetime 字串轉換成 ISO 格式的日期字串。

這個 JavaScript Date 不瞭解的東西都是無效的。你可以試著解析下面的資料：

```
var d = new Date("Tuesday March")
console.log( d.toString() )
// "無效的日期"
```

我們想要在查詢照片的 created 欄位時，確定這個欄位回傳的值含有 ISO 日期時間格式的字串。當欄位回傳日期值時，我們會將那個值 serialize（序列化）為 ISO 格式的字串：

```
const serialize = value => new Date(value).toISOString()
```

序列化函式會從物件取出欄位值，只要那個欄位含有 JavaScript 物件格式的日期，或任何有效的 datetime 字串，GraphQL 就會用 ISO datetime 格式回傳它。

當你在 schema 實作自訂的純量之後，就可以在 query 中將它當成引數來使用。假設我們為 allPhotos query 建立一種過濾器。這個 query 可回傳在指定的日期之後拍攝的照片串列：

```
type Query {
  ...
  allPhotos(after: DateTime): [Photo!]!
}
```

有這個欄位時，用戶端就可以傳送一個含有 DateTime 值的 query 給我們：

```
query recentPhotos(after:DateTime) {
  allPhotos(after: $after) {
    name
    url
  }
}
```

他們也可以使用查詢變數來傳送 $after 引數：

```
{
  "after": "4/18/2018"
}
```

我們想要在 after 引數被送到解析函式之前確保它已經被解析成 JavaScript Date 物件了：

```
const parseValue = value => new Date(value)
```

我們可以使用 parseValue 函式來解析與 query 一起送來的字串的值。parseValue 回傳的東西都會被傳給解析函式的引數：

```
const resolvers = {
  Query: {
    allPhotos: (parent, args) => {
      args.after // JavaScript Date 物件
      ...
    }
  }
}
```

自訂純量必須能夠序列化與解析日期值。我們還有一個地方需要處理日期字串：當用戶端直接在 query 本身加入日期字串時：

```
query {
  allPhotos(after: "4/18/2018") {
    name
    url
  }
}
```

after 引數不是用查詢變數來傳遞的，它已經被直接加入查詢文件了。我們必須在這個值被解析成抽象語法樹（AST）之後，從 query 取出它才能解析它。在解析這些值之前，我們使用 parseLiteral 函式從查詢文件中取出它們：

```
const parseLiteral = ast => ast.value
```

我們用 parseLiteral 函式來取得被直接加入查詢文件的日期值。在本例中，我們只要回傳那個值即可，但是在必要時，我們也可以在這個函式內執行額外的解析步驟。

當我們建立自訂純量時，需要使用為了處理 DateTime 值而設計的全部三個函式。我們加入自訂純量 DateTime 的解析函式：

```
const { GraphQLScalarType } = require('graphql')
...
const resolvers = {
  Query: { ... },
  Mutation: { ... },
  Photo: { ... },
  User: { ... },
  DateTime: new GraphQLScalarType({
      name: 'DateTime',
      description: 'A valid date time value.',
      parseValue: value => new Date(value),
      serialize: value => new Date(value).toISOString(),
      parseLiteral: ast => ast.value
  })
}
```

我們使用 GraphQLScalarType 物件來建立“自訂純量”的解析函式。我們將 DateTime 解析函式放在解析函式清單中。當我們建立新的純量型態時，必須加入三個函式：serialize、parseValue 與 parseLiteral，它們會處理任何實作 DateType 純量的欄位或引數。

日期樣本

我們也要在資料加入一個 created 鍵與兩張既有照片的日期值。使用任何一個有效的日期字串或物件都可以，因為我們建立的欄位會先被序列化再回傳：

```
var photos = [
  {
    ...
    "created": "3-28-1977"
  },
```

```
        {
          ...
          "created": "1-2-1985"
        },
        {
          ...
          "created": "2018-04-15T19:09:57.308Z"
        }
      ]
```

現在，當我們在選擇組加入 DateTime 欄位時，可以看到這些日期與型態都被格式化成 ISO 日期字串了：

```
query listPhotos {
  allPhotos {
    name
    created
  }
}
```

接下來的工作只剩下在每張照片被貼出時為它們加上時戳了。我們的做法是在每張照片加入一個 created 欄位，並且用 JavaScript Date 物件與目前的 DateTime 加上時戳：

```
postPhoto(parent, args) {
    var newPhoto = {
        id: _id++,
        ...args.input,
        created: new Date()
    }
    photos.push(newPhoto)
    return newPhoto
}
```

現在當新照片被貼出時，就會被加上它們的建立日期與時間時戳了。

apollo-server-express

有時你想要為既有的 app 加入 Apollo Server，或使用 Express 中介軟體。此時，你可以考慮使用 apollo-server-express。使用 Apollo Server Express 時，你能夠使用 Apollo Server 的所有最新功能，也可以設定更客製化的組態。我們接下來要重新建構伺服器，使用 Apollo Server Express 來設定自訂的首頁路由、playground 路由，稍後也會讓使用者貼出的圖像可被上傳到伺服器，並儲存在裡面。

我們先來移除 apollo-server：

```
npm remove apollo-server
```

接著安裝 Apollo Server Express 與 Express：

```
npm install apollo-server-express express
```

Express

Express 目前是 Node.js 生態系統最熱門的專案之一。它可讓你快速且高效地設定 Node.js 網路 app。

我們接下來要改寫 index.js 檔案，先修改 require 陳述式來加入 apollo-server-express，接著再加入 express：

```
// 1.require `apollo-server-express` 與 `express`
const { ApolloServer } = require('apollo-server-express')
const express = require('express')

...

// 2.呼叫 `express()` 來建立 Express app
var app = express()

const server = new ApolloServer({ typeDefs, resolvers })

// 3.呼叫 `applyMiddleware()` 來將中介軟體安裝在同一個路徑上
server.applyMiddleware({ app })

//4.建立首頁路由
app.get('/', (req, res) => res.end('Welcome to the PhotoShare API'))
```

```
// 5. 監聽特定連接埠
app.listen({ port: 4000 }, () =>
  console.log(`GraphQL Server running @ http://localhost:4000${server.graphqlPath}`)
)
```

加入 Express 後，我們就可以使用框架提供的所有中介函式了。要將它與伺服器合併，我們只要呼叫 `express` 函式、呼叫 `applyMiddleware`，接著就可以設定自訂路由了。現在當我們造訪 `http://localhost:4000` 時，可以看到一個網頁，上面有 "Welcome to the PhotoShare API"。現在它是個預留的位置。

接下來，我們要為 GraphQL Playground 設定一個在 `http://localhost:4000/playground` 運行的自訂路由。我們可以用 npm 來安裝一個協助套件。我們先安裝套件 `graphql-playground-middleware-express`：

```
npm install graphql-playground-middleware-express
```

接著在索引檔案的最上面 require 這個套件：

```
const expressPlayground = require('graphql-playground-middleware-express').default

...

app.get('/playground', expressPlayground({ endpoint: '/graphql' }))
```

接著我們要使用 Express 來為 Playground 建立一個路由，此後，每當我們想要使用 Playground 時，就會造訪 `http://localhost:4000/playground`。

使用 Apollo Server Express 設定伺服器後，現在有三個不同的路由正在運行：

- `/` 是首頁
- `/graphql` 是 GraphQL 端點
- `/playground` 是 GraphQL Playground

此時，我們也要將 `typeDefs` 與 `resolvers` 移到它們自己的檔案來減少索引檔案的長度。

我們先建立一個稱為 `typeDefs.graphql` 的檔案，並將它放在專案的根目錄。這只是個 schema，只有文字。你也可以將解析函式移到它們自己的資料夾，命名為 `resolvers`。你可以將這些函式放在一個 `index.js` 檔案裡面，或是採取類似存放區（*https://github.com/MoonHighway/learning-graphql/tree/master/chapter-05/photo-share-api/resolvers*）裡面的做法，將解析函式檔案模組化。

完成後，你可以如下方一樣匯入 typeDef 與解析函式。我們將使用 Node.js 的 fs 模組來讀取 typeDefs.graphql 檔案：

```
const { ApolloServer } = require('apollo-server-express')
const express = require('express')
const expressPlayground = require('graphql-playground-middleware-express').default
const { readFileSync } = require('fs')

const typeDefs = readFileSync('./typeDefs.graphql', 'UTF-8')
const resolvers = require('./resolvers')

var app = express()

const server = new ApolloServer({ typeDefs, resolvers })

server.applyMiddleware({ app })

app.get('/', (req, res) => res.end('Welcome to the PhotoShare API'))
app.get('/playground', expressPlayground({ endpoint: '/graphql' }))

app.listen({ port: 4000 }, () =>
  console.log(`GraphQL Server running at http://localhost:4000${server.graphqlPath}`)
)
```

重新建構伺服器之後，我們要採取下一個步驟：整合資料庫。

context

在這一節，我們要來討論 *context*，它是儲存全域值以供所有解析函式讀取的地方。context 很適合儲存身分驗證資訊、資料庫細節、本地資料快取，及任何其他需要解析 GraphQL 操作的東西。

你可以直接在解析函式裡面呼叫 REST API 與資料庫，但是我們通常會將這個邏輯放在 context 裡面的物件內，來分開關注點，以及方便稍後的重構。你也可以使用 context 從 Apollo Data Source 讀取 REST 資料。要更深入瞭解做法，你可以查看文件中的 Apollo Data Sources（*http://bit.ly/2vac9ZC*）。

不過就這裡的目的而言，我們要結合 context 來處理 app 的一些限制。首先，我們目前將資料放在記憶體內，這種做法的擴展性不好。我們也要處理簡陋的 ID 指定方法，之前使用各個 mutation 來遞增這些值，接下來要讓資料庫處理資料儲存與 ID 生成。我們的解析函式將會從 context 存取這個資料庫。

安裝 Mongo

GraphQL 不在乎你使用哪一種資料庫。你可以使用 Postgres、Mongo、SQL Server、Firebase、MySQL、Redis、Elastic——隨你喜歡。因為 Mongo 受到 Node.js 社群的喜愛，我們將在 app 中使用它來儲存資料。

為了在 Mac 使用 MongoDB，我們將使用 Homebrew。請造訪 *https://brew.sh/* 來安裝 Homebrew。安裝 Homebrew 後，執行下列的命令來安裝 Mongo：

```
brew install mongo
brew services list
brew services start
```

成功啟動 MongoDB 之後，就可以開始對著本地端的 Mongo 實例讀取和寫入資料了。

Windows 使用者的做法

如果你想要在 Windows 執行本地版的 MongoDB，可查看 *http://bit.ly/inst-mdb-windows*。

你也可以使用 mLab 這類的線上 Mongo 服務，如圖 5-1 所示。你可以免費建立一個沙箱資料庫。

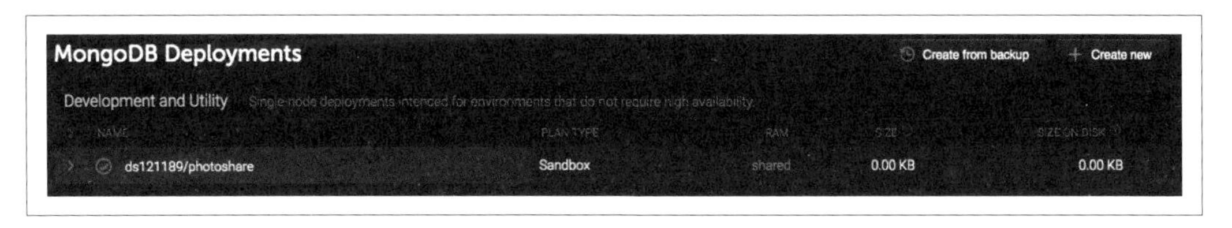

圖 5-1. mLab

將資料庫加入 context

接下來我們要連接資料庫，並將連結加入 context。我們要使用一個稱為 mongodb 的套件來與資料庫溝通，這個命令可以安裝它：npm install mongodb。

安裝這個套件後，我們要修改 Apollo Server 組態檔，index.js。我們必須等待 mongodb 與資料庫成功連接才能開始服務，也必須從環境變數 DB_HOST 拉出資料庫主機資訊。我們要讓專案可在根目錄的 .env 檔案中讀取這個環境變數。

如果你在本地端使用 Mongo，你的 URL 為：

```
DB_HOST=mongodb://localhost:27017/<Your-Database-Name>
```

如果你使用 mLab，URL 會長這樣。你必須為資料庫建立一位使用者及其密碼，並將 <dbuser> 與 <dbpassword> 換成這些值。

```
DB_HOST=mongodb://<dbuser>:<dbpassword>@5555.mlab.com:5555/<Your-Database-Name>
```

接下來要連接資料庫並建立一個 context 物件，再啟動服務，並使用 dotenv 套件來載入 DB_HOST URL：

```
const { MongoClient } = require('mongodb')
require('dotenv').config()

...

// 1. 建立非同步函式
async function start() {
  const app = express()
  const MONGO_DB = process.env.DB_HOST

  const client = await MongoClient.connect(
    MONGO_DB,
    { useNewUrlParser: true }
  )
  const db = client.db()

  const context = { db }

  const server = new ApolloServer({ typeDefs, resolvers, context })

  server.applyMiddleware({ app })

  app.get('/', (req, res) => res.end('Welcome to the PhotoShare API'))
```

```
    app.get('/playground', expressPlayground({ endpoint: '/graphql' }))

    app.listen({ port: 4000 }, () =>
      console.log(
        `GraphQL Server running at http://localhost:4000${server.graphqlPath}`
      )
    )
  }

  // 5. 準備就緒可啟動時，呼叫 start
  start()
```

執行 start 就連接到資料庫了。連接資料庫是一種非同步程序。你要花一些時間才能成功連接資料庫。我們可用 await 關鍵字來讓這個非同步函式等待 promise 的解析。在這個函式裡面，我們的第一個工作就是等待與本地或遠端資料庫連接。連接資料庫後，我們將那個連結加入 context 物件並啟動伺服器。

接著我們可以修改 query 解析函式，改從 Mongo 集合（collections）回傳資訊，而非從本地陣列。我們也要加入索取 totalUsers 與 allUsers 的 query，並將它們加入 schema：

Schema

```
type Query {
    ...
    totalUsers: Int!
    allUsers: [User!]!
}
```

解析函式

```
Query: {

  totalPhotos: (parent, args, { db }) =>
      db.collection('photos')
        .estimatedDocumentCount(),

  allPhotos: (parent, args, { db }) =>
    db.collection('photos')
      .find()
      .toArray(),

  totalUsers: (parent, args, { db }) =>
    db.collection('users')
      .estimatedDocumentCount(),
```

```
    allUsers: (parent, args, { db }) =>
      db.collection('users')
        .find()
        .toArray()

  }
```

`db.collection('photos')` 是存取 Mongo 集合的方式。我們可以用 `.estimatedDocumentCount()` 來計算集合內的文件數量。我們可以用 `.find().toArray()` 列出集合內的所有文件，並將它們轉換成陣列。目前 `photos` 集合是空的，但這段程式依然是有效的。`totalPhotos` 與 `totalUsers` 解析函式不應該回傳任何東西。`allPhotos` 與 `allUsers` 解析函式應回傳空陣列。

使用者必須先登入才能將照片加入資料庫。在下一節，我們要用 GitHub 來授權使用者，並將第一張照片貼到資料庫裡面。

GitHub 授權

對任何 app 而言，授權與驗證使用者都是很重要的功能，實現這項功能的做法有很多種，其中社群授權是很熱門的做法，因為這種做法可將許多帳號管理細節交給社群供應方處理，也可以讓使用者在登入時覺得更安全，因為他們很可能已經非常信任社群供應方的服務了。我們要在 app 實作一個 GitHub 授權，因為你很可能已經有一個 GitHub 帳號了（就算還沒有，也很容易就可以快速建立一個！）[1]。

設定 GitHub OAuth

在開始之前，你必須設定一個 GitHub 授權來讓這個 app 可以動作，請執行下列步驟：

1. 前往 *https://www.github.com* 並登入。
2. 前往 Account Settings。
3. 前往 Developer Settings。
4. 按下 New OAuth App。

1 你可以在 *https://www.github.com* 建立帳號。

5. 加入下列設定（如圖 5-2 所示）：

Application name

Localhost 3000

Homepage URL

http://localhost:3000

Application description

All authorizations for local GitHub Testing

Authorization callback URL

http://localhost:3000

Application name

Localhost 3000

Something users will recognize and trust

Homepage URL

http://localhost:3000

The full URL to your application homepage

Application description

All authorizations for local Github Testing.

This is displayed to all users of your application

Authorization callback URL

http://localhost:3000

Your application's callback URL. Read our OAuth documentation for more information.

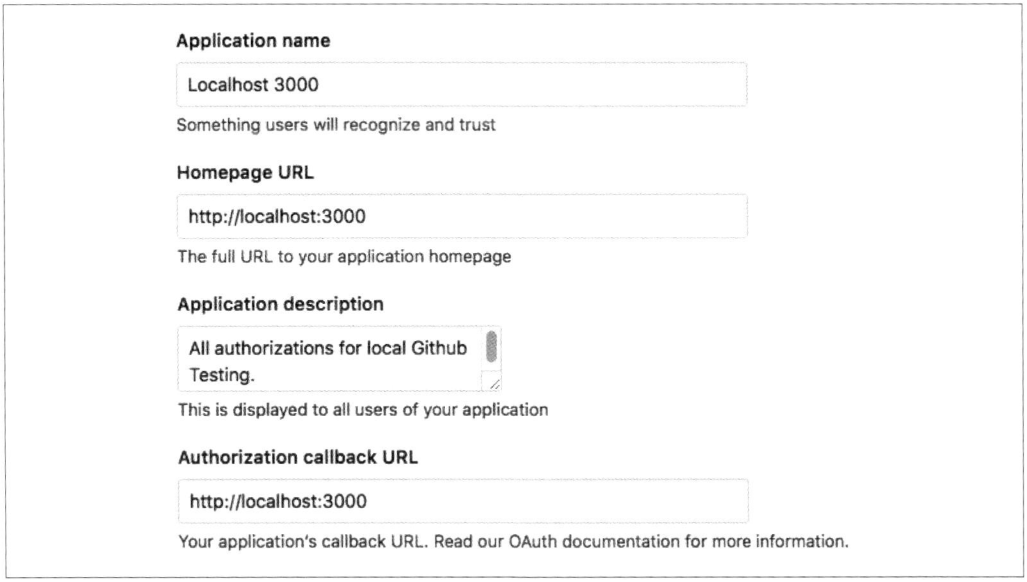

圖 5-2　新的 OAuth App

6. 按下 Save。

7. 前往 OAuth Account Page 並取得你的 `client_id` 與 `client_secret`，如圖 5-3 所示。

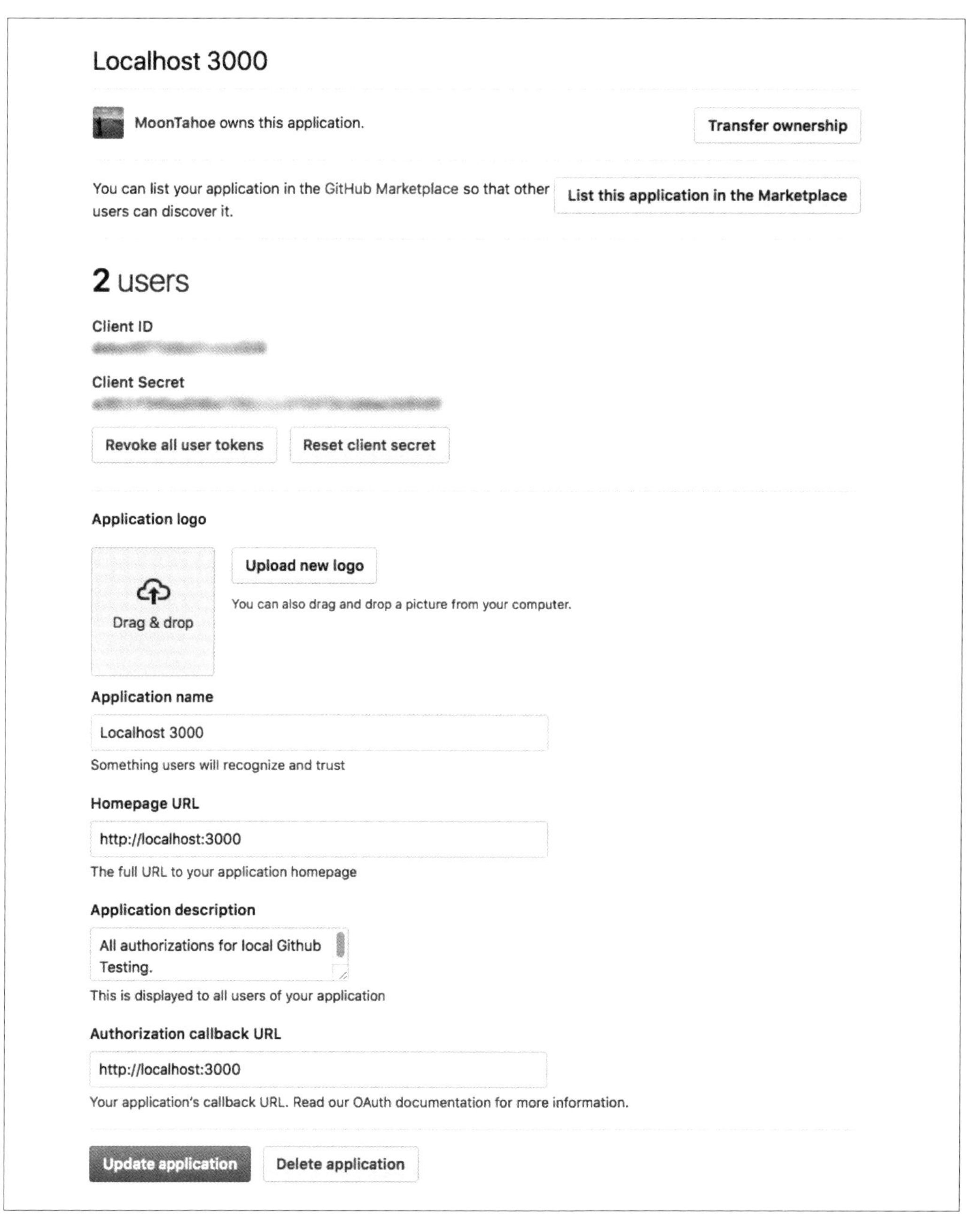

圖 5-3 OAuth App 設定

完成設定之後，你就可以從 GitHub 取得一個 auth 權杖與關於使用者的資訊了。具體來說，我們需要 client_id 與 client_secret。

授權程序

授權 GitHub app 的程序會在用戶端與伺服器兩端發生。這一節要討論如何處理伺服器，第六章會說明用戶端的實作。如圖 5-4 所示，完整的授權步驟如下：粗體的步驟代表在本章的伺服器端將會發生的事情：

1. 用戶端：使用 url 和 client_id 向 GitHub 索取代碼（code）
2. 使用者：讀取 GitHub 上的帳號資訊供用戶端 app 使用
3. GitHub：傳送代碼給 OAuth 轉址 url：http://localhost:3000?code=XYZ
4. **用戶端：傳送 GraphQL Mutation githubAuth(code) 和代碼**
5. **API：用憑證（client_id、client_secret 與 client_code）請求 GitHub access_token**
6. **GitHub：回應 access_token，它可以在未來請求資訊時使用**
7. **API：用 access_token 請求使用者資訊**
8. **GitHub：回應使用者資訊：name、githubLogin 與 avatar**
9. **API：用 AuthPayload 解析 authUser(code) mutation，它裡面含有權杖與使用者**
10. 用戶端：儲存權杖，將來它會與 GraphQL 請求一起傳送。

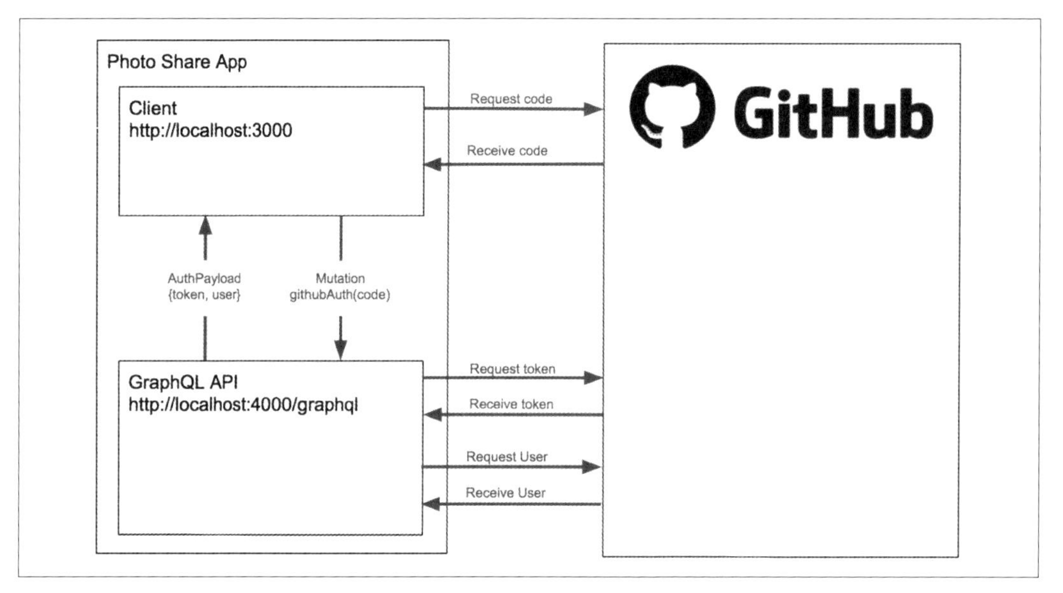

圖 5-4　授權程序

為了實作 githubAuth mutation，假設我們已經取得代碼了。使用代碼來取得權杖之後，我們會將新的使用者資訊與權杖存入本地端資料庫，也會將那些資訊回傳給用戶端。用戶端會在本地儲存權杖，並且在每次發出請求時將它一起回傳給我們。我們會用這個權杖來授權使用者與存取他們的資料庫紀錄。

githubAuth mutation

我們要用 GitHub mutation 來處理使用者授權。我們曾經在第四章為 schema 設計一個自訂的承載資料型態（payload type），稱為 AuthPayload，現在將 AuthPayload 與 githubAuth mutation 加入 typeDefs：

```
type AuthPayload {
  token: String!
  user: User!
}

type Mutation {
  ...
  githubAuth(code: String!): AuthPayload!
}
```

我們只會將 AuthPayload 型態當成授權 mutation 的回應來使用。它裡面有被 mutation 授權的使用者，以及可讓使用者在將來的請求程序中用來驗證自己的權杖。

在編寫 githubAuth 解析函式之前，我們要建立兩個函式來處理 GitHub API 請求：

```
const requestGithubToken = credentials =>
    fetch(
        'https://github.com/login/oauth/access_token',
        {
            method: 'POST',
            headers: {
                'Content-Type': 'application/json',
                Accept: 'application/json'
            },
            body: JSON.stringify(credentials)
        }
    )
    .then(res => res.json())
    .catch(error => {
      throw new Error(JSON.stringify(error))
    })
```

requestGithubToken 函式會回傳一個擷取 promise。credentials 會被放在 POST 請求的內文傳送給 GitHub API URL。credentials 包括三個東西：client_id、client_secret 與 code。完成時，GitHub 回應會被解析成 JSON。現在我們可以使用這個函式，用 credentials 來請求 GitHub 存取權杖了。你可以在存放區（*https://github.com/MoonHighway/learning-graphql/blob/master/chapter-05/photo-share-api/lib.js/*）的 lib.js 檔案裡面找到這一個與之後的協助函式。

取得 GitHub 權杖後，我們要讀取當前使用者的帳號資訊。具體來說，我們要取得他們的 GitHub 登錄、名稱與個人檔案圖片。為了取得這項資訊，我們要將另一個請求以及之前取得的 token 傳給 GitHub API。

```
const requestGithubUserAccount = token =>
    fetch(`https://api.github.com/user?access_token=${token}`)
        .then(toJSON)
        .catch(throwError)
```

這個函式也會回傳一個擷取 promise。只要取得存取權杖，我們就可以在這個 GitHub API 路由讀取當前使用者的資訊。

接著我們要將這些請求結合為一個非同步函式，以便以 GitHub 授權使用者：

```
async authorizeWithGithub(credentials) {
  const { access_token } = await requestGithubToken(credentials)
  const githubUser = await requestGithubUserAccount(access_token)
  return { ...githubUser, access_token }
}
```

在這裡使用 async/await 可讓我們處理多個非同步處求。首先，我們請求存取權杖，並等待回應。接著使用 access_token 來請求 GitHub 使用者帳號資訊並等待回應。取得資料後，我們將它們全部放在一個物件裡面。

我們已經建立一個協助函式來支援解析函式的功能了。接下來，我們要實際編寫解析函式，來從 GitHub 取得權杖與使用者帳號：

```
async githubAuth(parent, { code }, { db }) {
  // 1. 從 GitHub 取得資料
    let {
      message,
      access_token,
      avatar_url,
      login,
      name
    } = await authorizeWithGithub({
      client_id: <YOUR_CLIENT_ID_HERE>,
      client_secret: <YOUR_CLIENT_SECRET_HERE>,
      code
    })
  // 2. 如果有訊息，代表出問題了
    if (message) {
      throw new Error(message)
    }
  // 3. 將結果包成一個物件
    let latestUserInfo = {
      name,
      githubLogin: login,
      githubToken: access_token,
      avatar: avatar_url
    }
  // 4. 用新的資訊來加入或更新紀錄
    const { ops:[user] } = await db
      .collection('users')
      .replaceOne({ githubLogin: login }, latestUserInfo, { upsert: true })
```

```
  // 5. 回傳使用者資料與他們的權杖
    return { user, token: access_token }

  }
```

解析函式可以是非同步的。我們可以先等待網路回應再將操作結果回傳給用戶端。githubAuth 解析函式是非同步的，因為我們必須等候 GitHub 送來兩個回應，才能取得應回傳的資料。

從 GitHub 取得使用者的資料之後，我們檢查本地資料庫，看看這位使用者以前有沒有在我們的 app 登入過，這代表他們已經有帳號了。如果使用者有帳號，我們用 GitHub 送來的資訊更新他們的帳號。他們在上次登入之後可能已經改變名稱或個人檔案圖片了。如果他們還沒有帳號，我們就將新使用者加入使用者集合。在這兩種情況下，這個解析函式都會回傳登入的 user 與 token。

接下來要測試這個授權程序，為了測試，你需要代碼。為了取得代碼，你必須將你的用戶端 ID 加入這個 URL：

```
https://github.com/login/oauth/authorize?client_id=YOUR-ID-HERE&scope=user
```

將含有 GitHub client_id 的 URL 貼到新的瀏覽器視窗的網址列，你會被轉址到 GitHub，接著在那裡同意授權這個 app。當你授權 app 時，GitHub 會將你轉址到含有代碼的 http://localhost:3000：

```
http://locahost:3000?code=XYZ
```

在本例中，代碼是 XYZ。從瀏覽器 URL 複製這個代碼，接著用 githubAuth mutation 來傳送它：

```
mutation {
  githubAuth(code:"XYZ") {
    token
    user {
      githubLogin
      name
      avatar
    }
  }
}
```

這個 mutation 會授權當前的使用者，並回傳一個權杖以及關於那位使用者的資訊。儲存權杖，我們會在未來發出請求時，以標頭傳送它。

不良的憑證

當你看到錯誤訊息“Bad Credentials”時，代表送給 GitHub API 的用戶端 ID、用戶端密碼或代碼是錯的，此時可查看用戶端 ID 與密碼，但造成這個錯誤的原因通常出在代碼。

GitHub 代碼只能在有限的時間內使用，且只能使用一次。如果解析函式在請求憑證之後有 bug，這個請求內的代碼就失效了。通常你可以從 GitHub 請求另一個代碼來解決這個問題。

驗證使用者

為了在未來的請求中證明自己，你必須在每個請求的 `Authorization` 標頭中傳送你自己的權杖，這個權杖會被用來查看使用者的資料庫紀錄來辨識他們。

GraphQL Playground 有個地方可讓你為每個請求加入標頭。在下方角落的“Query Variables”旁邊有個“HTTP Headers”標籤，你可以使用這個標籤在請求中加入 HTTP Headers。用 JSON 來傳送標頭：

```
{
  "Authorization": "<YOUR_TOKEN>"
}
```

請將 `<YOUR_TOKEN>` 換成 `githubAuth` mutation 回傳的權杖。現在你可以連同每一個 GraphQL 請求一起將這個鍵送給你的識別碼（identification）。我們要用那個金鑰來找到你的帳號並將它加入 context。

me query

接下來，我們要建立一個參考我們自己的使用者資訊的 query：`me` query。這個 query 會根據 HTTP 標頭傳送的權杖來回傳當前登入的使用者。如果目前沒有使用者登入，這個 query 會回傳 `null`。

在這個程序一開始，用戶端要同時傳送 GraphQL query `me` 和保護使用者資訊的 `Authorization: token`。接下來 API 會捕捉 `Authorization` 標頭，並使用權杖在資料庫中查看當前使用者的紀錄，也會將當前使用者帳號加入 context。帳號被加入 context 後，所有的解析函式就可以讀取當前的使用者了。

我們要自行負責辨識當前的使用者並將它們放在 context。接下來要修改伺服器的組態，我們要改變 context 物件的建構方式，使用函式來處理 context，而不是使用物件。

```
async function start() {
    const app = express()
    const MONGO_DB = process.env.DB_HOST

    const client = await MongoClient.connect(
      MONGO_DB,
      { useNewUrlParser: true }
    )

    const db = client.db()

    const server = new ApolloServer({
      typeDefs,
      resolvers,
      context: async ({ req }) => {
        const githubToken = req.headers.authorization
        const currentUser = await db.collection('users').findOne({ githubToken })
        return { db, currentUser }
      }
    })

    ...

}
```

context 可以是物件或函式。為了讓我們的 app 正常動作，我們用函式來製作它，如此一來才可以在每一次有請求時設定 context。當 context 是函式時，每當有 GraphQL 請求時，它都會被呼叫。這個函式回傳的物件是被送給解析函式的 context。

在 context 函式內，我們可以補捉並解析請求的授權標頭來取得權杖。取得權杖後，我們可以利用它在資料庫中查看使用者。如果有使用者，他們就會被加入 context，如果沒有，在 context 裡面的使用者將會是 null。

寫好這段程式後，我們要加入 me query。首先修改 typeDefs：

```
type Query {
  me: User
  ...
}
```

me query 會回傳一個可為 null 的使用者。如果找不到當前獲得授權的使用者，它就是 null。接著為 me query 加入解析函式：

```
const resolvers = {
  Query: {
    me: (parent, args, { currentUser }) => currentUser,
    ...
  }
}
```

我們已經完成使用權杖查看使用者的工作了。此時會從 context 回傳 currentUser 物件。同樣的，如果沒有使用者，它將會是 null。

如果 HTTP 授權標頭裡面有正確的權杖，你可以使用 me query 傳送一個請求來取得關於你自己的資料：

```
query currentUser {
  me {
    githubLogin
    name
    avatar
  }
}
```

當你執行這個 query 時會看到你的身分。為了確認一切正常，有一種很好的測試方式，就是試著在沒有授權標頭或使用錯誤權杖的情況下執行這個查詢。使用錯誤權杖或沒有標頭時，你會看到 me query 是 null。

postPhoto mutation

使用者必須先登入才能將照片貼到我們的 app。postPhoto mutation 可以藉由檢查 context 來確定登入的是誰。我們來修改 postPhoto mutation：

```
async postPhoto(parent, args, { db, currentUser }) {

  // 1. 如果 context 裡面沒有使用者，就丟出錯誤
  if (!currentUser) {
      throw new Error('only an authorized user can post a photo')
  }

  // 2. 與照片一起儲存當前使用者的 id
  const newPhoto = {
      ...args.input,
      userID: currentUser.githubLogin,
```

```
      created: new Date()
    }

    // 3. 插入新照片，捕捉資料庫建立的 id
    const { insertedIds } = await db.collection('photos').insert(newPhoto)
    newPhoto.id = insertedIds[0]

    return newPhoto

  }
```

為了將新照片存入資料庫，我們改了幾次 postPhoto mutation。首先，我們從 context 取得 currentUser。如果這個值是 null，我們就丟出錯誤，以防止 postPhoto mutation 進一步執行。為了貼出照片，使用者必須在 Authorization 標頭內傳送正確的權杖。

接下來，我們將當前使用者的 ID 加入 newPhoto 物件。現在可以將新的照片紀錄存到資料庫的照片集合裡面了。Mongo 會幫它儲存的每一份文件建立一個唯一的代碼。有新照片被加入時，我們可以用 insertedIds 陣列來取得那個代碼。在回傳照片前，我們必須確定它有專屬的代碼。

我們也必須修改 Photo 解析函式：

```
  const resolvers = {
    ...
    Photo: {
      id: parent => parent.id || parent._id,
      url: parent => `/img/photos/${parent._id}.jpg`,
      postedBy: (parent, args, { db }) =>
        db.collection('users').findOne({ githubLogin: parent.userID })
  }
```

首先，當用戶端索取照片 ID 時，我們必須確定它收到正確的值。如果 parent 照片還沒有 ID，我們假設 parent 照片的資料庫紀錄已經建立了，而且它的欄位 _id 存有 ID。我們必須確定照片的 ID 欄位被解析為資料庫 ID。

接下來，假設我們是從同一個網路伺服器傳送這些照片的。我們回傳照片的本地路由。這個本地路由是用照片的 ID 做成的。

最後，為了在資料庫查看貼出照片的使用者，我們要修改 postedBy 解析函式。我們可以使用與 parent 照片一起儲存的 userID 在資料庫中查看使用者的紀錄。照片的 userID 應符合使用者的 githubLogin，所以 .findOne() 方法要回傳一筆使用者紀錄，也就是貼出照片的使用者。

授權標頭就緒後，我們就可以將新照片貼到 GraphQL 服務了：

```
mutation post($input: PostPhotoInput!) {
  postPhoto(input: $input) {
    id
    url
    postedBy {
      name
      avatar
    }
  }
}
```

貼出照片之後，我們可以索取它的 `id` 與 `url`，以及貼出照片的使用者之 `name` 與 `avatar`。

加入假使用者 mutation

為了用我們自己之外的使用者測試 app，我們將加入一個 mutation 來以 `random.me` API 將假使用者寫入資料庫。

我們用一個稱為 `addFakeUsers` 的 mutation 來做這件事。首先將這段內容加入 schema：

```
type Mutation {
  addFakeUsers(count: Int = 1): [User!]!
  ...
}
```

請注意，count 引數是想要加入的假使用者數量，它會回傳一個使用者串列。這個使用者串列裡面有被加到這個 mutation 的假使用者。在預設情況下，我們會每次加入一位使用者，但你可以傳送不同的人數給這個 mutation 來加入更多使用者。

```
addFakeUsers: async (root, {count}, {db}) => {

    var randomUserApi = `https://randomuser.me/api/?results=${count}`

    var { results } = await fetch(randomUserApi)
      .then(res => res.json())

    var users = results.map(r => ({
      githubLogin: r.login.username,
      name: `${r.name.first} ${r.name.last}`,
      avatar: r.picture.thumbnail,
      githubToken: r.login.sha1
    }))
```

```
    await db.collection('users').insert(users)

    return users
}
```

為了測試加入新使用者的功能，我們要先從 randomuser.me 取得一些假資料。addFakeUsers 是一個非同步函式，我們用它來取出那些資料。接著，將 randomuser.me 送來的資料序列化，建立匹配 schema 的使用者物件。接著將這些新使用者加入資料庫，並回傳新使用者串列。

現在我們要用 mutation 來填寫資料庫：

```
mutation {
  addFakeUsers(count: 3) {
    name
  }
}
```

這個 mutation 會將三個假使用者加入資料庫。加入假使用者之後，我們也想要透過 mutation 用假使用者帳號登入。我們在 Mutation 型態裡面加入 fakeUserAuth：

```
type Mutation {
  fakeUserAuth(githubLogin: ID!): AuthPayload!
  ...
}
```

接著加入一個解析函式，用它回傳一個可用來授權假使用者的權杖：

```
async fakeUserAuth (parent, { githubLogin }, { db }) {

  var user = await db.collection('users').findOne({ githubLogin })

  if (!user) {
      throw new Error(`Cannot find user with githubLogin "${githubLogin}"`)
  }

  return {
      token: user.githubToken,
      user
  }
```

fakeUserAuth 解析函式會從 mutation 引數取得 githubLogin，並在資料庫中使用它尋找那位使用者。找到使用者時，用 AuthPayload 型態來回傳使用者的權杖和帳號。

接著就可以傳送 mutation 來驗證假使用者了：

```
mutation {
  fakeUserAuth(githubLogin:"jDoe") {
    token
  }
}
```

我們將收到的權杖放入授權 HTTP 標頭，以這位假使用者的身分貼出照片。

結論

你已經建立一個 GraphQL 伺服器了！你先仔細地瞭解解析函式、處理 query 與 mutation、加入 GitHub 授權、用請求的標頭裡面的權杖來辨識當前的使用者，最後，你修改了 mutation，從解析函式的 context 讀出使用者，並且讓使用者貼出照片。

如果你想要執行本章所建構服務的完整版本，可在本書的存放區找到它（*https://github.com/MoonHighway/learning-graphql/tree/master/chapter-05/photo-share-api/*）。你要讓這個 app 知道該使用哪個資料庫，以及該使用哪些 GitHub OAuth 憑證，你可以建立一個名為 `.env` 的新檔案，並將它放在專案根目錄來加入這些值：

```
DB_HOST=<YOUR_MONGODB_HOST>
CLIENT_ID=<YOUR_GITHUB_CLIENT_ID>
CLIENT_SECRET=<YOUR_GITHUB_CLIENT_SECRET>
```

`.env` 檔案就緒後，你就可以安裝依賴項目了：`yarn` 或 `npm install`，並執行服務：`yarn start` 或 `npm start`。當服務在連接埠 4000 運行時，你可以用 Playground 在 `http://localhost:4000/playground` 傳送請求。你可以按下在 `http://localhost:4000` 的連結來請求 GitHub 程式碼。如果你想要從其他的用戶端使用 GraphQL 端點，可在 `http://localhost:4000/graphql` 找到它。

第七章會教你如何修改這個 API 來處理訂閱和檔案上傳。但是在那之前，我要告訴你用戶端如何使用這個 API，所以第六章會說明如何建構一個可以和這個服務合作的前端。

第六章

GraphQL 用戶端

完成 GraphQL 伺服器後，接下來要在用戶端設定 GraphQL。大致上，用戶端只是一個與伺服器溝通的 app。因為 GraphQL 的靈活性，建構用戶端沒有什麼秘訣。你或許會幫網路瀏覽器建構 app、可能會幫手機建構原生 app，也可能會幫冰箱的螢幕建構 GraphQL 服務，你一樣可以在用戶端用任何一種語言編寫服務。

為了傳送 query 與 mutation，你真正需要的只是傳送 HTTP 請求的功能。當服務回應資料時，無論用戶端是什麼東西，你都可以在用戶端裡面使用它。

使用 GraphQL API

最簡單的起步方式就是直接發一個 HTTP 請求給 GraphQL 端點。為了測試我們在第五章建立的伺服器，請確定你的服務正在本地的 *http://localhost:4000/graphql* 運行。你也可以在第六章的存放區（*https://github.com/MoonHighway/learning-graphql/tree/master/chapter-06*）裡面的連結找到在 CodeSandbox 上運行的範例。

抓取請求

第三章談過，你可以用 cURL 來傳送請求給 GraphQL 服務，只要使用一些不同的值即可：

- query：`{totalPhotos, totalUsers}`
- GraphQL 端點：`http://localhost:4000/graphql`
- 內容型態：`Content-Type: application/json`

接下來，你可以用 POST 方法直接在終端機或命令提示字元傳送 cURL 請求：

```
curl -X POST \
     -H "Content-Type: application/json" \
     --data '{ "query": "{totalUsers, totalPhotos}" }' \
     http://localhost:4000/graphql
```

傳送這個請求後，你應該會在終端機裡面看到正確的 JSON 資料結果：{"data":{"totalUsers":7,"totalPhotos":4}}。totalUsers 和 totalPhotos 的數字會反應目前的資料。如果你的用戶端是殼層腳本，你可以用 cURL 來建構那個腳本。

因為我們使用 cURL，所以可以使用“可傳送 HTTP 請求”的任何東西。我們可以用 fetch 來建立一個小型的用戶端在瀏覽器內運作：

```
var query = `{totalPhotos, totalUsers}`
var url = 'http://localhost:4000/graphql'

var opts = {
  method: 'POST',
  headers: { 'Content-Type': 'application/json' },
  body: JSON.stringify({ query })
}

fetch(url, opts)
  .then(res => res.json())
  .then(console.log)
  .catch(console.error)
```

抓取資料之後，我們可在主控台看到預期的結果：

```
{
  "data": {
    "totalPhotos": 4,
    "totalUsers": 7
  }
}
```

我們可以在用戶端使用結果資料來建立 app。我們用一個基本的範例看看如何在 DOM 裡面直接列出 totalUsers 與 totalPhotos：

```
fetch(url, opts)
  .then(res => res.json())
  .then(({data}) => `
        <p>photos: ${data.totalPhotos}</p>
        <p>users: ${data.totalUsers}</p>
  `)
```

```
    .then(text => document.body.innerHTML = text)
    .catch(console.error)
```

我們使用資料來建立一些 HTML 文字，而不是在主控台顯示結果，接著可以將那些文字直接寫到文件的內文。請小心，當請求完成後，你可能會覆寫原本在內文中的任何東西。

當你知道如何用你最喜歡的用戶端來傳送 HTTP 請求時，你就擁有一項工具可建立“可與任何 GraphQL API 溝通的用戶端 app”了。

graphql-request

雖然 cURL 與抓取功能都可正常運作，但你也可以使用其他的框架來傳送 GraphQL 操作給 API。其中最著名的案例就是 `graphql-request`。`graphql-request` 可將抓取請求包在 promise 裡面，讓你可以用來對 GraphQL 伺服器發出請求。它也可以處理發出請求與解析資料的細節。

你要先安裝 `graphql-request` 才能開始使用它：

```
npm install graphql-request
```

接下來，你可以匯入這些模組並將它們當成請求來使用。你要確定照片服務在連接埠 4000 運行：

```
import { request } from 'graphql-request'

var query = `
  query listUsers {
    allUsers {
      name
      avatar
    }
  }
`

request('http://localhost:4000/graphql', query)
    .then(console.log)
    .catch(console.error)
```

這個 request 函式用一行程式來接收 url 與 query、對伺服器發出請求以及回傳資料。一如預期，回傳的資料是包含所有使用者的 JSON 回應：

```
{
  "allUsers": [
    { "name": "sharon adams", "avatar": "http://..." },
    { "name": "sarah ronau", "avatar": "http://..." },
    { "name": "paul young", "avatar": "http://..." },
  ]
}
```

接著你可以立即在用戶端使用這筆資料。

你也可以用 graphql-request 傳送 mutation：

```
import { request } from 'graphql-request'

var url = 'http://localhost:4000/graphql'

var mutation = `
    mutation populate($count: Int!) {
        addFakeUsers(count:$count) {
            id
            name
        }
    }
`

var variables = { count: 3 }

request(url, mutation, variables)
    .then(console.log)
    .catch(console.error)
```

這個 request 函式接收 API URL、mutation 與第三個變數引數。這只是個可傳入欄位與查詢變數值的 JavaScript 物件。呼叫 request 後，我們發出 addFakeUsers mutation。

雖然 graphql-request 不提供與 UI 程式庫和框架的正式整合，但我們仍然可以輕鬆地合併程式庫。我們用 graphql-request 將一些資料載入一個 React 元件，如範例 6-1 所示。

範例 *6-1 GraphQL* 請求與 *React*

```
import React from 'react'
import ReactDOM from 'react-dom'
import { request } from 'graphql-request'

var url = 'http://localhost:4000/graphql'

var query = `
  query listUsers {
    allUsers {
      avatar
      name
    }
  }
`

var mutation = `
    mutation populate($count: Int!) {
        addFakeUsers(count:$count) {
            githubLogin
        }
    }
`

const App = ({ users=[] }) =>
    <div>
        {users.map(user =>
            <div key={user.githubLogin}>
                <img src={user.avatar} alt="" />
                {user.name}
            </div>
        )}
        <button onClick={addUser}>Add User</button>
    </div>

const render = ({ allUsers=[] }) =>
    ReactDOM.render(
        <App users={allUsers} />,
        document.getElementById('root')
    )

const addUser = () =>
    request(url, mutation, {count:1})
        .then(requestAndRender)
        .catch(console.error)
```

```
const requestAndRender = () =>
    request(url, query)
        .then(render)
        .catch(console.error)

requestAndRender()
```

這個檔案在一開始先匯入 React 與 ReactDOM，接著建立一個 App 元件，App 會對應以屬性傳入的 users，並建立一個含有他們的 avatar 和 username 的 div 元素。render 函式會將 App 算繪到 #root 元素，並以特性將 allUsers 傳入。

requestAndRender 呼叫 graphql-request 的 request，發出一個查詢、接收資料，接著呼叫 render，它會將資料提供給 App 元素。

這個小型的 app 也會處理 mutation。在 App 元件裡面，按鈕有個 onClick 事件會呼叫 addUser 函式。當它被呼叫時，會傳送 mutation，接著呼叫 requestAndRender 來為使用者發出一個新的請求，並且用新的使用者串列來算繪 <App />。

到目前為止，我們已經看了各種使用 GraphQL 建構用戶端 app 的方式。你可以用 cURL 來編寫殼層腳本、抓取資料來建構網頁、用 graphql-request 快速地建構 app。你可以就此停住，但是我們還有更多強大的 GraphQL 用戶端可用，所以請繼續往下看。

Apollo 用戶端

使用 REST 有一個很大的好處在於它可以方便我們處理快取。使用 REST 時，你可以將請求回應的資料存放在之前用來使用該請求的 URL 底下的快取。這沒什麼問題。但是在 GraphQL 使用快取有點麻煩。一個 GraphQL API 沒有多個路由——每一個東西都是用單一端點來傳送與接收的，所以我們無法將路由回傳的資料放在用來請求它的 URL 底下。

為了建立穩健、高性能的 app，我們必須設法將 query 與它們產生的物件存入快取。當我們想要建立快速、高效的 app 時，使用本地化的快取解決方案是必要的做法。我們可以自行建立這類的機制，也可以信賴一種已經經過嚴格審查的用戶端。

目前最引人著目的 GraphQL 用戶端解決方案是 Relay 與 Apollo Client。Facebook 在 2015 年與 GraphQL 同時開放 Relay 的原始碼。它將 Facebook 在實際的產品中使用 GraphQL 的所有經驗整合起來。Relay 只與 React 和 React Native 相容，也就是說，你有機會建立一個 GraphQL 用戶端來支援可能不使用 React 的開發者。

言歸正傳，Apollo Client 是 Meteor Development Group 開發的，它是一種社群驅動的專案，目的是建立靈活的 GraphQL 用戶端解決方案來處理諸如快取、積極 UI 更新（optimistic UI update）等工作。這個團隊建立了支援綁定（binding）的套件供 React、Angular、Ember、Vue、iOS 與 Android 使用。

我們已經在伺服器用了一些 Apollo 團隊創造的工具了，但 Apollo Client 特別關注請求碼在用戶端與伺服器之間的傳送與接收。它使用 Apollo Link 來處理網路請求，用 Apollo Cache 來處理所有快取。接下來 Apollo Client 會將連結與快取包起來，並高效地管理與 GraphQL 服務的所有互動。

在本章接下來的內容要進一步介紹 Apollo Client。我們將要使用 React 來建立 UI 元件，但我們可以在採用各種程式庫和框架的專案中使用這裡談到的許多技術。

Apollo Client 和 React

因為作者編寫這本 GraphQL 的上一本書是 React 書籍，所以我們選擇使用 React 來作為使用者介面程式庫。我們還沒有介紹太多關於 React 本身的內容。它是 Facebook 建立的程式庫，這種程式庫使用一種組件式結構來撰寫 UI。如果你使用的是別的程式庫，而且不想要瞭解 React，沒問題，下一節介紹的觀念也適合其他的 UI 框架。

設定專案

本章將告訴你如何建立一個使用 Apollo Client 與 GraphQL 服務互動的 React app。一開始，我們必須使用 `create-react-app` 來架構這個專案的前端。`create-react-app` 可以產生整個 React 專案，而無需設定任何組建組態。如果你從未用過 `create-react-app`，要先進行安裝：

```
npm install -g create-react-app
```

安裝之後，你可以用下列命令在電腦的任何地方建立 React 專案：

```
create-react-app photo-share-client
```

這個命令在名為 *photo-share-client* 的資料夾安裝新的基本 React app。它會自動加入與安裝任何在建構 React app 時需要的事物。前往 *photo-share-client* 資料夾並執行 `npm start` 來啟動 app。你會看到瀏覽器打開並前往運行 React 用戶端 app 的 `http://localhost:3000`。請記得，你可以在存放區 *http://github.com/moonhighway/learning-graphql* 找到本章的所有檔案。

設置 Apollo Client

為了使用 Apollo 工具來建立 GraphQL 用戶端，你必須安裝一些套件。首先，你需要 `graphql`，它裡面有 GraphQL 語言解析函式。接著需要一個稱為 `apollo-boost` 的套件。Apollo Boost 包含建立 Apollo Client 以及傳送操作給用戶端所需的 Apollo 套件。最後，我們需要 `react-apollo`。React Apollo 是一種 npm 程式庫，我們要利用其中的的 React 元件與 Apollo 來建構使用者介面。

我們同時安裝這三個套件：

```
npm install graphql apollo-boost react-apollo
```

現在可以開始建立用戶端了。`apollo-boost` 裡面的 `ApolloClient` 建構式可用來建立第一個用戶端。打開 *src/index.js* 檔案並將裡面的程式換成：

```
import ApolloClient from 'apollo-boost'

const client = new ApolloClient({ uri: 'http://localhost:4000/graphql' })
```

我們使用 `ApolloClient` 建構式來建立一個新的 `client` 實例。這個 `client` 已經可以處理和 `http://localhost:4000/graphql` 上的 GraphQL 服務之間的所有網路通訊了。例如，我們可以使用用戶端來傳送 query 給 PhotoShare Service：

```
import ApolloClient, { gql } from 'apollo-boost'

const client = new ApolloClient({ uri: 'http://localhost:4000/graphql' })

const query = gql`
    {
        totalUsers
        totalPhotos
    }
```

```
`

client.query({query})
    .then(({ data }) => console.log('data', data))
    .catch(console.error)
```

這段程式使用 `client` 傳送 query 來查詢照片總數量與使用者總數量。為了做到這一點，我們從 `apollo-boost` 匯入 `gql` 函式。這個函式屬於 `graphql-tag` 套件，它會自動與 `apollo-boost` 一起被加入。`gql` 函式的用途是將 query 解析成 AST 或抽象語法樹。

我們可以藉由呼叫 `client.query({query})` 將 AST 送給用戶端。這個方法會回傳一個 promise。它會用 HTTP 請求來將 query 送給我們的 GraphQL 服務，以及解析服務回傳的資料。我們在上面的範例將回應印到主控台上：

```
{ totalUsers: 4, totalPhotos: 7, Symbol(id): "ROOT_QUERY" }
```

你必須運行 GraphQL 服務

請確定 GraphQL 服務仍然在 `http://localhost:4000` 上面運行，這樣你才可以測試用戶端與伺服器的連結。

除了處理送到 GraphQL 服務的網路請求之外，用戶端也會將回應存到本地記憶體快取中。無論何時，我們都可以藉由呼叫 `client.extract()` 來查看快取：

```
console.log('cache', client.extract())
client.query({query})
    .then(() => console.log('cache', client.extract()))
    .catch(console.error)
```

我們在送出 query 之前查看快取，並且在 query 被解析之後查看快取。你可以看到，現在結果已經被存放在一個由用戶端管理的本地物件裡面了：

```
{
    ROOT_QUERY: {
        totalPhotos: 4,
        totalUsers: 7
    }
}
```

下一次我們傳送 query 給用戶端來索取這筆資料時，它會從快取讀出資料，而不是向我們的服務傳送另一個網路請求。Apollo Client 可讓我們指定何時以及每隔多久透過網路傳送 HTTP 請求。本章稍後會討論這些選項。這裡要講的重點是 Apollo Client 可用來處理所有送到 GraphQL 服務的網路請求。此外，在預設情況下，它會將結果自動存放在本地快取並 defer 到本地快取，以改善 app 的效能。

要開始使用 react-apollo，我們只要建立一個用戶端，並且用一個稱為 ApolloProvider 的元件將它加到使用者介面。請將 index.js 的內容換成下列程式：

```
import React from 'react'
import { render } from 'react-dom'
import App from './App'
import { ApolloProvider } from 'react-apollo'
import ApolloClient from 'apollo-boost'

const client = new ApolloClient({ uri: 'http://localhost:4000/graphql' })

render(
    <ApolloProvider client={client}>
      <App />
    </ApolloProvider>,
    document.getElementById('root')
)
```

這就是讓你以 React 使用 Apollo 的所有程式碼。在此，我們建立一個用戶端，接著藉由 ApolloProvider 元件將那個用戶端放在 React 的全域範圍內。ApolloProvider 內的所有子元件都可以使用這個用戶端。這代表 <App /> 元件與它的任何子元件都可以透過 Apollo Client 從 GraphQL 服務接收資料了。

Query 元件

在使用 Apollo Client 時，我們必須設法處理 "抓取資料來載入 React UI" 的 query。Query 元件可抓取資料、處理載入狀態，與更新 UI。我們可以在 ApolloProvider 內的任何地方使用 Query 元件。Query 元件使用這個用戶端來傳送 query。解析之後，我們就可以用用戶端會回傳的結果建構使用者介面了。

打開 src/App.js 檔案並將裡面的程式換成：

```
import React from 'react'
import Users from './Users'
import { gql } from 'apollo-boost'

export const ROOT_QUERY = gql`
    query allUsers {
        totalUsers
        allUsers {
            githubLogin
            name
            avatar
        }
    }
`

const App = () => <Users />

export default App
```

我們在 App 元件裡面建立一個名為 ROOT_QUERY 的 query。請記得，使用 GraphQL 的其中一個好處就是你可以請求建構 UI 所需的每一個東西，並且用一個回應來接收所有的資料。這代表我們要使用之前在 app 的根目錄建立的 query 來請求 totalUsers 數量與 allUsers 陣列兩者。我們用 gql 函式將字串 query 轉換成 AST 物件 ROOT_QUERY，並匯出它來讓其他的元件可以使用它。

此時你應該會看到錯誤，那是因為我們要求 App 算繪一個尚未建立的元件。建立新檔案 src/Users.js 並將下面的程式放在那個檔案裡面：

```
import React from 'react'
import { Query } from 'react-apollo'
import { ROOT_QUERY } from './App'

const Users = () =>
    <Query query={ROOT_QUERY}>
        {result =>
            <p>Users are loading: {result.loading ? "yes" : "no"}</p>
        }
    </Query>

export default Users
```

現在你應該看不到錯誤了，而是在瀏覽器視窗看到訊息“Users are loading: no”。在底層，Query 元件會傳送 ROOT_QUERY 給 GraphQL 服務，並將結果存入本地端快取。我們使用一種 React 技術來取得結果，稱為 render prop。render prop 技術可讓我們用函式引數（arguments）傳送特性（properties）給子元件。請注意，我們從函式取得 result，並回傳一個段落元素。

這個結果除了含有回應資料之外還有其他資訊。它會藉由 result.loading 特性告訴我們操作是否正在載入。在上例中，我們可以告訴使用者目前的查詢是否正在載入。

限制 HTTP 請求的流量

你可能會因為網路太快而無法在瀏覽器中看到快速閃過的載入特性訊息。你可以在 Chrome 使用開發人員工具的 Network 標籤來限制 HTTP 請求的流量。在開發人員工具找到一個下拉選單，裡面有個已選取的“Online”選項。在下拉選單中選擇“Slow 3G”可模擬較慢的回應。這可讓你在瀏覽器中看到載入的情形。

當資料被載入之後，它會與結果一起被傳送出去。

當用戶端載入資料時，我們可以顯示 UI 元件，而不是只顯示“yes”或“no”。現在就來修改 Users.js 檔案：

```
const Users = () =>
    <Query query={ROOT_QUERY}>
        {({ data, loading }) => loading ?
            <p>loading users...</p> :
            <UserList count={data.totalUsers} users={data.allUsers} />
        }
    </Query>


const UserList = ({ count, users }) =>
    <div>
        <p>{count} Users</p>
        <ul>
            {users.map(user =>
                <UserListItem key={user.githubLogin}
                    name={user.name}
                    avatar={user.avatar} />
            )}
        </ul>
```

```
    </div>

const UserListItem = ({ name, avatar }) =>
    <li>
        <img src={avatar} width={48} height={48} alt="" />
        {name}
    </li>
```

如果用戶端正在 loading 當前的查詢，我們會顯示 "loading users…" 訊息。如果資料已被載入，我們會將使用者總數量以及含有每位使用者的 name、githubLogin 與 avatar 的陣列一起傳給 UserList 元件：它們正是我們的 query 索取的資料。UserList 使用得到的資料來建構 UI。它會顯示數量以及一個顯示使用者頭像和名稱的清單。

results 物件也有一些用來分頁、重取及輪詢的實用函數可供使用。我們使用 refetch 函式在按下按鈕時重新取得使用者清單：

```
const Users = () =>
    <Query query={ROOT_QUERY}>
        {({ data, loading, refetch }) => loading ?
            <p>loading users...</p> :
            <UserList count={data.totalUsers}
                users={data.allUsers}
                refetchUsers={refetch} />
        }
    </Query>
```

我們建立了一個可用來 refetch ROOT_QUERY 或向伺服器再次請求資料的函式。refetch 特性只是個函式。我們可以將它傳給 UserList，在那裡將它加入按鈕點擊事件：

```
const UserList = ({ count, users, refetch }) =>
    <div>
        <p>{count} Users</p>
        <button onClick={() => refetch()}>Refetch</button>
        <ul>
            {users.map(user =>
                <UserListItem key={user.githubLogin}
                    name={user.name}
                    avatar={user.avatar} />
            )}
        </ul>
    </div>
```

我們在 UserList 裡面使用 refetch 函式向 GraphQL 服務請求同樣的根資料。當你按下 “Refetch Users” 按鈕時，會將另一個請求送到 GraphQL 端點來重新抓取任何資料的變動。這是讓使用者介面與伺服器上的資料保持同步的方式之一。

為了測試這項功能，我們可以在最初的抓取之後改變使用者資料。你可以刪除使用者集合、直接刪除 MongoDB 內的使用者文件，或是用伺服器的 GraphQL Playground 傳送一個 query 來加入假的使用者。當你改變資料庫內的資料之後，必須按下 “Refetch Users” 按鈕，在瀏覽器上算繪最新的資料。

輪詢是 Query 元件提供的另一個選項。當我們在 Query 元件加入 pollInterval 特性時，就可以自動每隔一段指定的時間重覆抓取資料：

```
<Query query={ROOT_QUERY} pollInterval={1000}>
```

設定 pollInterval 可在指定的時間自動重覆抓取資料。本例是每隔一秒從伺服器重新抓取資料。使用輪詢要小心，因為這段程式會每秒送出一個新的網路請求。

除了 loading、data 與 refetch 之外，回應物件也有一些額外的選項：

stopPolling
: 停止輪詢的函式

startPolling
: 啟動輪詢的函式

fetchMore
: 可用來抓取下一頁資料的函式

在繼續看下去之前，請移除 Query 元件的任何 pollInterval 特性。我們不希望在改寫這個範例的過程中執行輪詢。

Mutation 元件

當我們想要傳送 mutation 給 GraphQL 服務時，可使用 Mutation 元件。下一個範例要使用這個元件來處理 addFakeUsers mutation。當我們傳送這個 mutation 時，會直接將新的使用者清單寫入快取。

先匯入 Mutation 元件，並在 Users.js 檔案加入 mutation：

```
import { Query, Mutation } from 'react-apollo'
import { gql } from 'apollo-boost'

...

const ADD_FAKE_USERS_MUTATION = gql`
    mutation addFakeUsers($count:Int!) {
        addFakeUsers(count:$count) {
            githubLogin
            name
            avatar
        }
    }
`
```

取得這個 mutation 之後，我們可以將它與 Mutation 元件一起使用。這個元件會透過 render prop 傳送函式給它自己的子元件。我們可以在就緒時使用這個函式來傳送 mutation：

```
const UserList = ({ count, users, refetchUsers }) =>
    <div>
        <p>{count} Users</p>
        <button onClick={() => refetchUsers()}>Refetch Users</button>
        <Mutation mutation={ADD_FAKE_USERS_MUTATION} variables={{ count: 1 }}>
            {addFakeUsers =>
                <button onClick={addFakeUsers}>Add Fake Users</button>
            }
        </Mutation>
        <ul>
            {users.map(user =>
                <UserListItem key={user.githubLogin}
                    name={user.name}
                    avatar={user.avatar} />
            )}
        </ul>
    </div>
```

如同之前用特性將 query 送給 Query 元件，我們也將 mutation 特性送給 Mutation 元件。另外也注意，我們使用 variables 特性，這會用 mutation 傳送必要的查詢變數。在本例中，它將計數設為 1，這會讓 mutation 一次加入一位假使用者。Mutation 元件使用了函式 addFakeUsers，當它被呼叫時會傳送 mutation。當使用者按下 "Add Fake Users" 按鈕時，會將 mutation 送到我們的 API。

目前這些使用者會被加入資料庫，但查看變更唯一的方式就是按下 "Refetch Users" 按鈕。當 mutation 完成時，我們可以呼叫 Mutation 元件來重新抓取特定的 query，而不用等待使用者按下按鈕：

```
<Mutation mutation={ADD_FAKE_USERS_MUTATION}
    variables={{ count: 1 }}
    refetchQueries={[{ query: ROOT_QUERY }]}>
    {addFakeUsers =>
        <button onClick={addFakeUsers}>Add Fake Users</button>
    }
</Mutation>
```

refetchQueries 特性的用途是指定在傳送 mutation 之後要重新抓取哪些 query。你只要放入含有 query 的物件串列即可。這個串列中的每一個 query 操作都會在 mutation 完成之後重新抓取資料。

授權

我們曾經在第五章建立一個 mutation 來用 GitHub 授權使用者。在下一節，我要告訴你如何在用戶端設定使用者授權。

授權使用者有好幾個步驟，粗體的步驟代表要在用戶端加入的功能：

用戶端

用 client_id 將使用者轉址到 GitHub

使用者

允許讀取 GitHub 上的帳號資訊供用戶端 app 使用

GitHub

連同代碼轉址回網站：http://localhost:3000?code=XYZ

用戶端

用代碼傳送 GraphQL Mutation `authUser(code)`

API

用 `client_id`、`client_secret` 與 `client_code` 請求 GitHub `access_token`

GitHub

回應 `access_token`，可在未來請求資訊時使用

API

用 `access_token` 請求使用者資訊

GitHub

回應使用者資訊：`name`、`github_login`、`avatar_url`

API

用 `AuthPayload` 解析 `authUser(code)` mutation，它裡面有權杖與使用者

用戶端

儲存權杖，將來它會與 GraphQL 請求一起傳送

授權使用者

接下來要授權使用者。為了編寫這個範例，我們要使用 React Router，先用 npm 安裝它：`npm install react-router-dom`。

我們要修改 `<App />` 主元件，並且結合使用 `BrowserRouter` 以及加入一個新元件 `AuthorizedUser`，我們將用它來以 GitHub 授權使用者：

```
import React from 'react'
import Users from './Users'
import { BrowserRouter } from 'react-router-dom'
import { gql } from 'apollo-boost'
import AuthorizedUser from './AuthorizedUser'

export const ROOT_QUERY = gql`
    query allUsers {
        totalUsers
        allUsers { ...userInfo }
        me { ...userInfo }
```

```
    }

    fragment userInfo on User {
        githubLogin
        name
        avatar
    }
`

const App = () =>
  <BrowserRouter>
    <div>
        <AuthorizedUser />
        <Users />
    </div>
  </BrowserRouter>

export default App
```

BrowserRouter 將我們想要算繪的所有其他元件包起來。我們也要加入一個新的 AuthorizedUser 元件，我們將在一個新的檔案中建立它。在加入那個元件之前，我們應該會看到錯誤。

我們也修改 ROOT_QUERY 以讓它可用來授權。現在我們另外索取 me 欄位，它會在有人登入時回傳關於當前使用者的資訊。當使用者未登入時，這個欄位只會回傳 null。注意，我們已經在查詢文件中加入 fragment userInfo 了。它可讓我們在兩個地方取得關於同一位 User 的同一些資訊：me 欄位與 allUsers 欄位。

AuthorizedUser 元件應該將使用者轉址到 GitHub 來請求代碼。那個代碼應該從 GitHub 回傳給在 http://localhost:3000 的 app。

我們在名為 AuthorizedUser.js 的新檔案中實作這個程序：

```
import React, { Component } from 'react'
import { withRouter } from 'react-router-dom'

class AuthorizedUser extends Component {

    state = { signingIn: false }

    componentDidMount() {
        if (window.location.search.match(/code=/)) {
            this.setState({ signingIn: true })
            const code = window.location.search.replace("?code=", "")
```

```
            alert(code)
            this.props.history.replace('/')
        }
    }

    requestCode() {
      var clientID = <YOUR_GITHUB_CLIENT_ID>
      window.location =
        `https://github.com/login/oauth/authorize?client_id=${clientID}&scope=user`
    }

    render() {
        return (
          <button onClick={this.requestCode} disabled={this.state.signingIn}>
              Sign In with GitHub
          </button>
        )
    }
}

export default withRouter(AuthorizedUser)
```

AuthorizedUser 元件算繪一個“Sign In with GitHub”按鈕。它被按下時會將使用者轉址到 GitHub's OAuth 程序。授權之後，GitHub 會將代碼回傳給瀏覽器：http://localhost:3000?code=XYZGNARLYSENDABC。如果查詢字串裡面有代碼，這個元件會從視窗的位址將它解析出來，並在一個警示方塊中顯示它，再用 history 特性移除它（這個特性是用 React Router 送給這個元件的）。

我們要將代碼送給 githubAuth mutation，而不是送出顯示 GitHub 代碼的警示訊息給使用者：

```
import { Mutation } from 'react-apollo'
import { gql } from 'apollo-boost'
import { ROOT_QUERY } from './App'

const GITHUB_AUTH_MUTATION = gql`
    mutation githubAuth($code:String!) {
        githubAuth(code:$code) { token }
    }
`
```

接著用上面的 mutation 來授權當前的使用者，我們只需要代碼。我們將這個 mutation 加到這個元件的 render 方法：

```
render() {
    return (
        <Mutation mutation={GITHUB_AUTH_MUTATION}
            update={this.authorizationComplete}
            refetchQueries={[{ query: ROOT_QUERY }]}>

            {mutation => {
                this.githubAuthMutation = mutation
                return (
                    <button
                        onClick={this.requestCode}
                        disabled={this.state.signingIn}>
                        Sign In with GitHub
                    </button>
                )
            }}

        </Mutation>
    )
}
```

Mutation 元件與 GITHUB_AUTH_MUTATION 綁在一起。完成之後，它會呼叫元件的 authorizationComplete 方法並重新抓取 ROOT_QUERY。藉由設定 this.githubAuthMutation = mutation，這個 mutation 函式已經被加至 AuthorizedUser 元件的範圍了。現在當我們就緒時（取得代碼），就可以呼叫這個 this.githubAuthMutation() 函式了。

我們要將代碼與 mutation 一起送出以授權當前的使用者，而非顯示代碼警示訊息。授權之後，將產生的權杖存至 localStorage，並使用路由器的 history 特性來移除視窗位址的代碼：

```
class AuthorizedUser extends Component {

    state = { signingIn: false }

    authorizationComplete = (cache, { data }) => {
        localStorage.setItem('token', data.githubAuth.token)
        this.props.history.replace('/')
        this.setState({ signingIn: false })
    }

    componentDidMount() {
```

```
        if (window.location.search.match(/code=/)) {
            this.setState({ signingIn: true })
            const code = window.location.search.replace("?code=", "")
            this.githubAuthMutation({ variables: {code} })
        }
    }

    ...

}
```

為了開始執行授權程序，我們呼叫 this.githubAuthMutation() 並將 code 加至操作的變數。完成時，authorizationComplete 方法就會被呼叫。這個方法收到的 data 是我們在 mutation 中選擇的資料，它有一個 token。我們在本地儲存 token，並使用 React Router 的 history 來移除視窗位址欄的代碼查詢字串。

此時，我們將用 GitHub 登入當前的使用者。下一個步驟是在 HTTP 標頭裡面連同每一個請求一起傳送這個權杖。

識別使用者

下一個工作是將權杖加入每一個請求的授權標頭。我們在上一章建立的 photo-share-api 服務可以認出在標頭中傳遞授權權杖的使用者。我們的工作只是確保在 localStorage 儲存的每一個權杖都會和每一個送往 GraphQL 服務的請求一起被送出。

我們來修改 src/index.js 檔案，找到建立 Apollo Client 的那一行，並將它換成這段程式：

```
const client = new ApolloClient({
    uri: 'http://localhost:4000/graphql',
    request: operation => {
        operation.setContext(context => ({
            headers: {
                ...context.headers,
                authorization: localStorage.getItem('token')
            }
        }))
    }
})
```

我們已經將請求方法加入 Apollo Client 組態了。這個方法會在傳送每一個 operation 給 GraphQL 服務之前傳遞關於 operation 的資料。我們在這裡設定每一個 operation 的 context 加入一個 authorization 標頭，這個標頭含有被儲存在本地的權杖。別擔心，如果本地沒有權杖，這個標頭的值是 null，而我們的服務會假設他是還沒被授權的使用者。

在每一個標頭加入授權權杖後，me 欄位會回傳關於當前使用者的資料，我們在 UI 顯示那筆資料。在 AuthorizedUser 元件找到 render 方法並將它換成這段程式：

```
render() {
    return (
        <Mutation
            mutation={GITHUB_AUTH_MUTATION}
            update={this.authorizationComplete}
            refetchQueries={[{ query: ROOT_QUERY }]}>
            {mutation => {
                this.githubAuthMutation = mutation
                return (
                    <Me signingIn={this.state.signingIn}
                        requestCode={this.requestCode}
                        logout={() => localStorage.removeItem('token')} />
                )
            }}
        </Mutation>
    )
}
```

現在這個 Mutation 元件會算繪一個稱為 Me 的元件，而不是算繪一個按鈕。Me 元件會顯示關於目前登入的使用者資訊或授權按鈕。它需要知道目前的使用者是否正處於登入程序，也需要呼叫 AuthorizedUser 元件的 requestCode 方法。最後，我們必須提供一個可以將當前使用者登出的函式。目前我們只是在使用者登出時，將 localStorage 的 token 移除。我們利用特性來將這些值傳給 Me 元件。

現在我們要建立 Me 元件。將下面的程式加到 AuthorizedUser 元件的宣告程式上面：

```
const Me = ({ logout, requestCode, signingIn }) =>
    <Query query={ROOT_QUERY}>
        {({ loading, data }) => data.me ?
            <CurrentUser {...data.me} logout={logout} /> :
            loading ?
                <p>loading... </p> :
                <button
                    onClick={requestCode}
```

```
                    disabled={signingIn}>
                        Sign In with GitHub
                </button>
        }
    </Query>

const CurrentUser = ({ name, avatar, logout }) =>
    <div>
        <img src={avatar} width={48} height={48} alt="" />
        <h1>{name}</h1>
        <button onClick={logout}>logout</button>
    </div>
```

這個 Me 元件會算繪一個 Query 元件來從 ROOT_QUERY 取得當前使用者的資料。如果有權杖，ROOT_QUERY 的 me 欄位就不是 null。我們在 query 元件內檢查 data.me 是不是 null。如果這個欄位有資料，我們會顯示 CurrentUser 元件並用特性將關於使用者的資料傳給這個元件。{...data.me} 使用擴展（spread）運算子來用各個特性將所有欄位傳給 CurrentUser 元件。此外，我們將 logout 函式傳給 CurrentUser 元件。當使用者按下 logout 按鈕時，這個函式就會執行，且他們的權杖會被移除。

使用快取

身為開發者，我們應該盡量減少網路請求。我們不希望讓使用者被迫發出無關的請求。為了盡量減少 app 送出的網路請求數量，接下來要說明如何自訂 Apollo Cache。

抓取策略

在預設情況下，Apollo Client 會在一個本地的 JavaScript 變數中儲存資料。每當我們建立用戶端時，Apollo Client 就會為我們建立一個快取。每當我們傳送操作時，回應就會被存到本地快取。fetchPolicy 可告訴 Apollo Client 該去哪裡尋找解析操作所需的資料——究竟是本地快取還是網路請求。預設的 fetchPolicy 是 cache-first。這代表用戶端會在本地的快取尋找資料來解析操作。如果用戶端可以在不傳送網路請求的情況下解析操作，它就會這樣做。但是，如果解析 query 所需的資料不在快取裡面，用戶端會傳送網路請求給 GraphQL 服務。

另一種類型的 fetchPolicy 是 cache-only。這種做法要求用戶端只在快取中尋找資料，永遠不要傳送網路請求。如果快取裡面沒有滿足 query 的所有資料，就丟出錯誤。

請看一下 src/Users.js，在 Users 元件裡面找到 Query。我們可以直接加入 fetchPolicy 特性來改變各個 query 的抓取策略：

```
<Query query={{ query: ROOT_QUERY }} fetchPolicy="cache-only">
```

當你將這個 Query 的策略設為 cache-only 並重新整理瀏覽器時應該會看到錯誤，因為 Apollo Client 只會在快取裡面尋找資料來解析 query，但是當 app 啟動時，那些資料並不存在。為了清除這個錯誤，我們將抓取策略改成 cache-and-network：

```
<Query query={{ query: ROOT_QUERY }} fetchPolicy="cache-and-network">
```

這個 app 又可以正常運作了。cache-and-network 策略一定會立刻用快取來解析查詢，同時也會傳送網路請求以取得最新的資料。如果本地快取不存在，例如當 app 啟動時，這個策略只會從網路接收資料。其他的策略包括：

network-only

一定會傳送網路請求來解析 query

no-cache

一定會傳送網路請求來解析資料，不會將回應結果存放在快取內

保存快取

我們可以在用戶端儲存快取。這可以釋放 cache-first 策略的威力，因為當使用者回到 app 時，永遠都會有快取。在本例中，cache-first 策略會立刻解析既有本地快取的資料，而且完全不會用網路傳送請求。

為了在本地儲存快取資料，我們要安裝 npm 套件：

```
npm install apollo-cache-persist
```

apollo-cache-persist 套件有一個函式可以改善快取，它的做法是當快取改變時，就將它存放在本地端。為了實作快取保存，我們要建立自己的 cache 物件，並在設置 app 時將它加入 client。

將下列程式加入 src/index.js 檔案：

```
import ApolloClient, { InMemoryCache } from 'apollo-boost'
import { persistCache } from 'apollo-cache-persist'

const cache = new InMemoryCache()
persistCache({
    cache,
    storage: localStorage
})

const client = new ApolloClient({
    cache,

    ...

})
```

首先，我們使用 apollo-boost 提供的 InMemoryCache 建構式來建立自己的快取實例，接著從 apollo-cache-persist 匯入 persistCache 方法。我們使用 InMemoryCache 建立一個新的 cache 實例，並連同 storage 位置一起將它傳給 persistCache 方法。我們選擇將快取存放在瀏覽器視窗的 persistCache 存放區。這代表當我們啟動 app 時，應該可以看到快取的值被存入我們的儲存區。你可以加入下列的語法來查看它：

```
console.log(localStorage['apollo-cache-persist'])
```

下一步是在啟動時檢查 localStorage，看看快取是否已被儲存了。如果有，在建立用戶端之前，我們要用那筆資料來初始化本地的 cache：

```
const cache = new InMemoryCache()
persistCache({
    cache,
    storage: localStorage
})

if (localStorage['apollo-cache-persist']) {
    let cacheData = JSON.parse(localStorage['apollo-cache-persist'])
    cache.restore(cacheData)
}
```

現在我們的 app 會在啟動前載入任何已被快取的資料。如果我們有資料存放在鍵 apollo-cache-persist 之下，就要使用 cache.restore(cacheData) 方法來將它加入 cache 實例。

我們已經用 Apollo Client 的快取成功地將送到服務的網路請求減到最少了。在下一節，我要介紹如何將資料直接寫入本地快取。

更新快取

Query 元件能夠直接從快取讀出資料，這是讓 cache-only 這類的策略得以執行的要素。我們也能夠與 Apollo Cache 直接互動。我們可以從快取讀出目前的資料，或將資料直接寫入快取。每當我們改變快取內的資料時，react-apollo 就會發現那項改變，並重新算繪所有被影響的元件。我們只要修改快取，UI 就會隨著改變，自動更新。

資料是用 GraphQL 從 Apollo Cache 讀出的，你會讀取 query。資料是用 GraphQL 寫入 Apollo Cache 的，你會將資料寫入 query。考慮位於 src/App.js 的 ROOT_QUERY：

```
export const ROOT_QUERY = gql`
    query allUsers {
        totalUsers
        allUsers { ...userInfo }
        me { ...userInfo }
    }

    fragment userInfo on User {
        githubLogin
        name
        avatar
    }
`
```

這個 query 的選擇組有三個欄位：totalUsers、allUsers 與 me。我們可以使用 cache.readQuery 方法來讀取目前被存放在快取的任何資料：

```
let { totalUsers, allUsers, me }  = cache.readQuery({ query: ROOT_QUERY })
```

在這段程式裡面，我們取得被存放在快取裡面的 totalUsers、allUsers 與 me 的值。

我們也可以使用 cache.writeQuery 方法來將資料直接寫入 ROOT_QUERY 的 totalUsers、allUsers 與 me 欄位：

```
cache.writeQuery({
    query: ROOT_QUERY,
    data: {
```

```
        me: null,
        allUsers: [],
        totalUsers: 0
    }
})
```

在本例，我們清除快取的所有資料，並重設 ROOT_QUERY 所有欄位的預設值。因為我們使用 react-apollo，這項改變會觸發 UI 更新，並清除當前 DOM 的整個使用者清單。

AuthorizedUser 元件內的 logout 函式是將資料直接放入快取的好地方。目前這個函式會刪除使用者的權杖，但 UI 在"Refetch"按鈕被按下或瀏覽器被重新整理之前不會更新。為了改善這項功能，我們要在使用者登出時，直接清除在快取內的當前使用者。

首先我們必須確保這個元件可用它的特性來操作 client。要傳遞這個特性，最快速的方法之一是使用較高階（higher order）的元件 withApollo。它會將 client 加至 AuthorizedUser 元件的特性。因為這個元件已經使用高階元件 withRouter 了，我們要使用 compose 函式來確保 AuthorizedUser 元件被兩個更高階的元件包起來：

```
import { Query, Mutation, withApollo, compose } from 'react-apollo'

class AuthorizedUser extends Component {
    ...
}

export default compose(withApollo, withRouter)(AuthorizedUser)
```

我們使用 compose 將 withApollo 與 withRouter 函式組成一個函式。withRouter 將 Router 的 history 加入特性，而 withApollo 將 Apollo Client 加入特性。

這代表我們可以在 logout 方法裡面使用 Apollo Client，並用它來移除快取內的當前使用者資料：

```
logout = () => {
    localStorage.removeItem('token')
    let data = this.props.client.readQuery({ query: ROOT_QUERY })
    data.me = null
    this.props.client.writeQuery({ query: ROOT_QUERY, data })
}
```

上面的程式不但會在 localStorage 內移除當前使用者的權杖，也會在快取內將當前使用者的 me 欄位清除。現在當使用者登出時，他們會立刻看到"Sign In with GitHub"按鈕，不需要重新整理瀏覽器。這個按鈕只會在 ROOT_QUERY 沒有任何 me 的值時算繪。

另一個可以徹底使用快取來改善 app 的地方在 src/Users.js 檔案裡面。目前當我們按下“Add Fake User”按鈕時，會將一個 mutation 送給 GraphQL 服務。算繪“Add Fake User”按鈕的 Mutation 組件有下列的特性：

```
refetchQueries={[{ query: ROOT_QUERY }]}
```

這個特性要求用戶端在 mutation 完成時傳送額外的查詢給我們的服務。但是我們已經在 mutation 本身的回應收到一串新的假使用者了：

```
mutation addFakeUsers($count:Int!) {
    addFakeUsers(count:$count) {
        githubLogin
        name
        avatar
    }
}
```

因為我們已經有一串新的假使用者了，所以不需要再到伺服器拿取相同的資訊。我們要從 mutation 的回應取得這個新的使用者清單，並直接將它放到快取裡面。當快取改變時，UI 就會跟著變。

在 Users.js 檔案裡面找到處理 addFakeUsers mutation 的 Mutation 元件，並將 refetchQueries 換成 update 特性：

```
<Mutation mutation={ADD_FAKE_USERS_MUTATION}
    variables={{ count: 1 }}
    update={updateUserCache}>
    {addFakeUsers =>
        <button onClick={addFakeUsers}>Add Fake User</button>
    }
</Mutation>
```

現在當 mutation 完成時，回應資料會被送到 updateUserCache 函式：

```
const updateUserCache = (cache, { data:{ addFakeUsers } }) => {
    let data = cache.readQuery({ query: ROOT_QUERY })
    data.totalUsers += addFakeUsers.length
    data.allUsers = [
        ...data.allUsers,
        ...addFakeUsers
    ]
    cache.writeQuery({ query: ROOT_QUERY, data })
}
```

當 Mutation 元件呼叫 updateUserCache 函式時，會在 mutation 的回應中傳送 cache 和被回傳的資料。

我們要將假使用者加入目前的快取，所以使用 cache.readQuery({ query: ROOT_QUERY }) 來讀取已經在快取裡面的資料，並加入它。我們先遞增使用者總數，data.totalUsers += addFakeUsers.length。接著將當前的使用者串列與從 mutation 收到的假使用者接在一起。因為資料已經改變了，我們用 cache.writeQuery({ query: ROOT_QUERY, data }) 將它寫回快取。更改 cache 裡面的資料會造成 UI 的更新，並顯示新的假使用者。

此時，我們已經完成 app 第一版的 User 部分了。我們可以列出所有使用者、加入假使用者，以及用 GitHub 登入。我們已經用 Apollo Server 和 Apollo Client 建立完整的 GraphQL app 堆疊了。當你使用 Apollo Client 和 React 開發用戶端時，Query 與 Mutation 是可協助你加快速度的工具。

第七章要介紹如何在 PhotoShare app 加入訂閱和檔案上傳功能，也會介紹可在你的專案中使用的一些 GraphQL 生態系統新興工具。

第七章

現實世界的 GraphQL

到目前為止，我們已經設計過 schema、建構了 GraphQL API，並且用 Apollo Client 實作一個用戶端了。我們已經經歷了完整的 GraphQL 建構程序，並瞭解用戶端如何使用 GraphQL API。接著我們要準備在產品中使用 GraphQL 與用戶端了。

為了在產品中使用新技術，我們必須滿足當前 app 的需求。目前的 app 可在用戶端與伺服器之間傳遞檔案；可使用 WebSocket 將資料的更新即時推送到用戶端；我們目前的 API 是安全的，可防禦惡意的使用者。為了在產品中使用 GraphQL，我們必須符合這些需求。

此外，我們也必須為開發團隊著想。你或許身處一個完整的團隊中，但團隊通常分成前端開發者與後端開發者。在 GraphQL 堆疊中，具備不同專長的開發者如何有效率地合作？

你目前的基礎程式規模多大？目前你應該有許多在成品上運行的服務與 API，或許既沒有時間也沒有資源來用 GraphQL 從頭建構每一個東西。

在本章，我們要處理以上所有的需求與考量。我們會先對 PhotoShare API 多做兩次反覆開發。首先，我們要加入訂閱和即時資料傳輸。接下來要用 GraphQL 實作檔案傳輸，讓使用者可以貼出照片。為 PhotoShare app 進行這些開發之後，我們要看一下避免惡意用戶端 query 攻擊 GraphQL API 的方法。在本章的最後，我們要討論可讓團隊高效地遷移到 GraphQL 的方法。

訂閱

即時更新是現代 web 與行動 app 不可或缺的功能。目前可在網路與行動 app 之間即時傳送資料的技術是 WebSocket。你可以使用 WebSocket 協定在 TCP 通訊端開啟雙向通訊通道。這意味著網頁與 app 可以透過一個連結來傳送與接收資料。這項技術可讓你即時且直接從伺服器推送更新到網頁上。

到目前為止，我們都用 HTTP 協定來實作 GraphQL 查詢與 mutation。HTTP 提供了在用戶端與伺服器之間傳送與接收資料的手段，但它無法協助我們連接伺服器與監聽狀態的改變。在 WebSocket 出現前，監聽伺服器上的狀態改變唯一的方式就是不斷傳送 HTTP 請求給伺服器來確定是不是有所改變。你已經從第六章藉由查詢標記來瞭解輪詢多麼容易實作了。

但是如果我們想要充分利用新的網路，除了 HTTP 請求之外，GraphQL 也必須能夠支援 WebSocket 上的即時資料傳輸。GraphQL 的解決方案就是訂閱（*subscription*）。我們來看一下如何在 GraphQL 中實作訂閱。

使用訂閱

在 GraphQL，我們要使用訂閱來監聽 API 以得知特定資料的改變。Apollo Server 已經支援訂閱了。它包裝了一些 npm 套件，可用來設定 GraphQL app 的 WebSocket：`graphql-subscriptions` 與 `subscriptions-transport-ws`。`graphql-subscriptions` 套件是一種 npm 套件，它提供了一種發布者 / 訂閱者（publisher/subscriber）設計模式的實作—— `PubSub`。`PubSub` 是發布資料變動好讓訂閱的用戶端接收的工具。 `subscriptions-transport-ws` 是一種 WebSocket 伺服器與用戶端，可讓你在 WebSocket 上傳送訂閱。Apollo Server 在一開始就會自動加入這兩個套件來支援訂閱。

在預設情況下，Apollo Server 會在 `ws://localhost:4000` 設定 WebSocket。如果你使用第五章開頭介紹的簡單伺服器組態，它已經是個支援 WebSocket 的組態了。

因為我們使用 `apollo-server-express`，所以必須執行一些步驟來讓訂閱開始運作。找到 `photo-share-api` 內的 `index.js` 檔案，並且從 `http` 模組匯入 `createServer` 函式：

```
const { createServer } = require('http')
```

Apollo Server 會自動設定訂閱的支援，但為了執行這項工作，它需要一個 HTTP 伺服器。我們將使用 `createServer` 來建立一個。在 `start` 函式的最下面找到在特定連接埠啟動 GraphQL 服務的 `app.listen(...)` 程式，將那段程式換成：

```
const httpServer = createServer(app)
server.installSubscriptionHandlers(httpServer)

httpServer.listen({ port: 4000 }, () =>
    console.log(`GraphQL Server running at localhost:4000${server.graphqlPath}`)
)
```

首先，我們使用 Express app 實例來建立一個新的 `httpServer`。依照目前的 Express 組態，這個 `httpServer` 已經可以處理收到的所有 HTTP 請求了。我們也有一個伺服器實例，可在裡面加入 WebSocket 支援。下一行 `server.installSubscriptionHandlers(httpServer)` 是讓 WebSocket 運作的程式。這是 Apollo Server 加入必要的處理程式來支援使用 WebSocket 的所有訂閱的地方。除了 HTTP 伺服器之外，我們的後端現在已經可以接收 `ws://localhost:4000/graphql` 的請求了。

讓伺服器支援訂閱之後，接下來我們要實作訂閱。

張貼照片

我們想要知道使用者何時張貼照片。這是一個很好的訂閱使用案例。如同 GraphQL 的任何東西，為了實作訂閱，我們必須先從 schema 開始著手。我們在 schema 的 `Mutation` 型態定義下面加入一個 subscription 型態：

```
type Subscription {
  newPhoto: Photo!
}
```

我們在照片被加入時使用 `newPhoto` subscription 來將資料送到用戶端。我們用下列的 GraphQL 查詢語言操作來傳送訂閱操作：

```
subscription {
    newPhoto {
        url
        category
        postedBy {
            githubLogin
            avatar
        }
    }
}
```

這個 subscription 會將新照片的資料送到用戶端。如同 Query 與 Mutation，GraphQL 可讓我們用選擇組來請求關於特定欄位的資料。使用這個訂閱，每次有新照片時，我們就會收到它的 url 和 category 以及貼出照片的使用者之 githubLogin 和 avatar。

當 subscription 被送到服務時，連結會保持開啟，它會監聽資料的改變，每當照片被加入時，就會將資料傳給訂閱者。當你用 GraphQL Playground 設置訂閱時，會看到 Play 按鈕變成紅色的 Stop 按鈕。

Stop 按鈕代表訂閱目前是開啟的，並且正在監聽資料。當你按下 Stop 按鈕時，訂閱就會被取消，它會停止監聽資料的改變。

終於到了說明 postPhoto mutation 的時候了，這個 mutation 可將新照片加入資料庫。我們想要用這個 mutation 將新照片的資料發布給 subscription：

```
async postPhoto(root, args, { db, currentUser, pubsub }) {

    if (!currentUser) {
        throw new Error('only an authorized user can post a photo')
    }

    const newPhoto = {
        ...args.input,
        userID: currentUser.githubLogin,
        created: new Date()
    }

    const { insertedIds } = await db.collection('photos').insert(newPhoto)
    newPhoto.id = insertedIds[0]

    pubsub.publish('photo-added', { newPhoto })

    return newPhoto

}
```

這個解析函式期望收到已被加入 context 的 pubsub 實例。我們將會在下一個步驟做這件事。pubsub 是一種可以發布事件並傳送資料給訂閱解析函式的機制。它就像 Node.js EventEmitter。你可以用它來發布事件，並將資料傳給每一個訂閱某個事件的處理程式。我們在將新照片插入資料庫之後發布一個 photo-added 事件。我們用 pubsub.publish 方法的第二個引數來傳遞新照片的資料。這會將新照片的資料傳給訂閱 photo-added 事件的每一個處理程式。

接下來加入 Subscription 解析函式，它的用途是訂閱 photo-added 事件：

```
const resolvers = {

  ...

  Subscription: {
    newPhoto: {
      subscribe: (parent, args, { pubsub }) =>
        pubsub.asyncIterator('photo-added')
    }
  }
}
```

Subscription 解析函式是根解析函式。你要將它直接加到 Query 與 Mutation 解析函式旁邊的解析函式物件中。在 Subscription 解析函式中，我們要定義每個欄位的解析函式。因為我們在 schema 裡面定義了 newPhoto 欄位，所以必須確保解析函式裡面有 newPhoto。

與 Query 和 Mutation 不同的是，Subscription 解析函式裡面有一個訂閱方法。與任何其他解析函式一樣，這個訂閱方法可接收 parent、args 與 context。我們在這個方法裡面訂閱特定的事件。在本例中，我們使用 pubsub.asyncIterator 來訂閱 photo-added 事件。每當 pubsub 發出 photo-added 事件時，它就會被傳給這個新的照片 subscription。

在存放區中訂閱解析函式

在 GitHub 存放區裡面的範例將解析函式拆成好幾個檔案。你可以在 resolvers/Subscriptions.js 找到上面的程式。

postPhoto 解析函式與 newPhoto subscription 解析函式都期望收到 context 中的 pubsub 實例。我們修改 context 來加入 pubsub。找到 index.js 檔案，並進行下列的修改：

```
const { ApolloServer, PubSub } = require('apollo-server-express')

...

async function start() {

    ...

    const pubsub = new PubSub()
    const server = new ApolloServer({
```

```
        typeDefs,
        resolvers,
        context: async ({ req, connection }) => {

            const githubToken = req ?
                req.headers.authorization :
                connection.context.Authorization

            const currentUser = await db
                .collection('users')
                .findOne({ githubToken })

            return { db, currentUser, pubsub }

        }
    })

  ...

}
```

首先，我們要從 apollo-server-express 套件匯入 PubSub 建構式。我們使用這個建構式來建立一個 pubsub 實例，並將它加入 context。

你可以看到，我們也修改了 context 函式。query 與 mutation 仍然使用 HTTP。當我們傳送這些操作給 GraphQL 服務時，請求引數 req 會被送到 context 處理程式。但是當操作是 Subscription 時沒有 HTTP 請求，所以 req 引數是 null。訂閱的資訊改成在用戶端連接 WebSocket 時傳遞。本例改成將 WebSocket connection 引數傳給 context 函式。當我們有訂閱時，必須透過連結的 context 來傳遞授權資料，而不是 HTTP 請求標頭。

現在可以試一下新的訂閱功能了。打開 playground 並啟動一個 subscription：

```
subscription {
    newPhoto {
        name
        url
        postedBy {
            name
        }
    }
}
```

當 subscription 運行時，打開新的 Playground 標籤，並執行 postPhoto mutation。每當你執行這個 mutation 時，就會看到新的照片資料被送到訂閱。

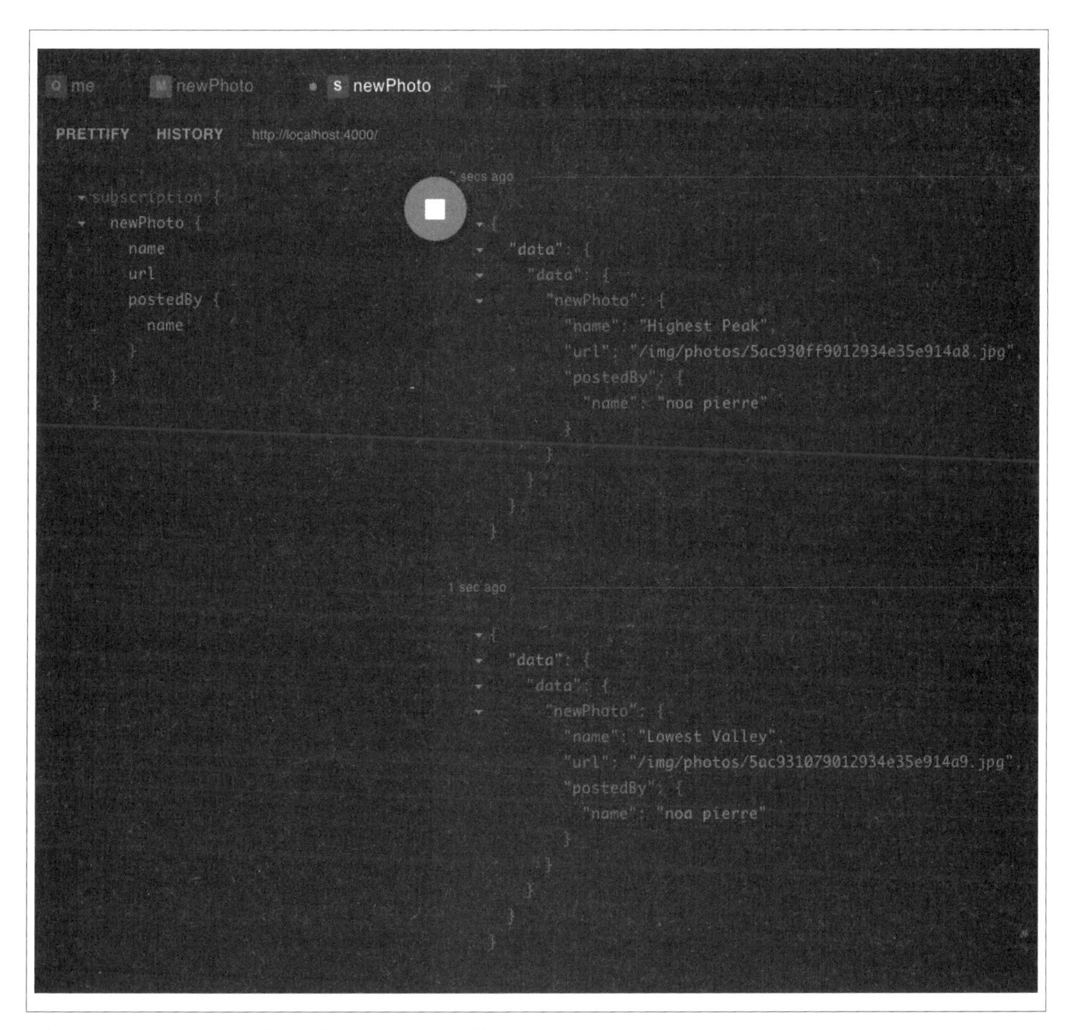

圖 7-1 在 playground 裡面的 newPhoto 訂閱

習題：newUser 訂閱

你會實作 newUser 訂閱嗎？當新的使用者被 githubLogin 或 addFakeUsers mutation 加入資料庫時，你可以發布一個 *new-user* 事件給 subscription 嗎？

提示：處理 addFakeUsers 時，你或許要發布事件好幾次，每位新加入的使用者一次。

如果你卡住了，可在存放區找到答案（*https://github.com/MoonHighway/learning-graphql/tree/master/chapter-07*）。

接收訂閱

假如你完成前面的習題，PhotoShare 伺服器就可以支援 Photos 和 Users 的訂閱了。在下一節，我們要訂閱 newUser 並在網頁上立刻顯示每位新使用者。在開始之前，我們必須先設定 Apollo Client 來處理訂閱。

加入 WebSocketLink

訂閱要透過 WebSocket 來運行，為了在伺服器啟用 WebSocket，我們必須再安裝一些套件：

```
npm install apollo-link-ws apollo-utilities subscription-transport-ws
```

我們要在 Apollo Client 組態中加入 WebSocket 連結。在 photo-share-client 專案中找到 src/index.js 檔案，並加入以下的 import：

```
import {
    InMemoryCache,
    HttpLink,
    ApolloLink,
    ApolloClient,
    split
} from 'apollo-boost'
import { WebSocketLink } from 'apollo-link-ws'
import { getMainDefinition } from 'apollo-utilities'
```

請注意，我們已從 apollo-boost 匯入 split。我們要用它來分開 HTTP 請求與 WebSocket 的 GraphQL 操作。如果操作是 mutation 或 query，Apollo Client 會送出 HTTP 請求。如果操作是 subscription，用戶端會連接 WebSocket。

在 Apollo Client 底層，網路請求是用 ApolloLink 來管理的。在目前的 app 中，它負責傳送 HTTP 請求給 GraphQL 服務。每當我們用 Apollo Client 傳送操作時，那個操作就會被送到一個 Apollo Link 來處理網路請求。我們也可以使用 Apollo Link 來處理 WebSocket 上的網路。

我們需要設定兩種連結來支援 WebSocket：HttpLink 與 WebsocketLink：

```
const httpLink = new HttpLink({ uri: 'http://localhost:4000/graphql' })
const wsLink = new WebSocketLink({
   uri: `ws://localhost:4000/graphql`,
   options: { reconnect: true }
  })
```

httpLink 可透過網路傳送 HTTP 請求給 http://localhost:4000/graphql，而 wsLink 可連接 ws://localhost:4000/graphql 以及透過 WebSocket 接收資料。

連結是可組合的，也就是說，你可以將它們接在一起以建立自訂的管道來處理 GraphQL 操作。除了傳送一個操作給一個 ApolloLink 之外，我們也可以透過可重複使用的連結鏈（a chain of reusable links）來傳送一個操作，在操作到達連結鏈的最後一個節點之前，每一個節點都可以處理它，最後一個節點則負責處理請求並回傳結果。

我們來加入一個自訂的 Apollo Link，以 httpLink 建立一個連結鏈，它的工作是為操作加上一個授權標頭：

```
const authLink = new ApolloLink((operation, forward) => {
    operation.setContext(context => ({
        headers: {
            ...context.headers,
            authorization: localStorage.getItem('token')
        }
    }))
    return forward(operation)
})

const httpAuthLink = authLink.concat(httpLink)
```

我們將 httpLink 接到 authLink 來處理 HTTP 請求的使用者授權。請留意，這個 .concat 函式與你在 JavaScript 串接陣列中看到的函式不同。這是個串接 Apollo Links 的特殊函式。串接之後，我們幫這個連結取一個比較好的名稱 httpAuthLink，來更清楚地描述它的行為。當操作被送到這個連結時，它會先被傳給 authLink，在那裡加上授權標頭，再轉傳給 httpLink 來處理網路請求。如果你熟悉 Express 或 Redux 的中介軟體，它們都有類似的模式。

現在你必須告訴用戶端應使用哪個連結。這就是 split 派上用場的地方。split 函式會根據一個條件式來回傳兩個 Apollo Links 之一。split 函式的第一個引數就是這個條件式。條件式是個回傳 true 或 false 的函式。split 函式的第二個引數是當條件式回傳 true 時應回傳的連結，而第三個引數是當條件式回傳 false 時應回傳的連結。

我們來實作一個 split 連結，它會檢查我們的操作是不是 subscription。如果它是 subscription，就用 wsLink 來處理網路，否則使用 httpLink：

```
const link = split(
    ({ query }) => {
        const { kind, operation } = getMainDefinition(query)
        return kind === 'OperationDefinition' && operation === 'subscription'
    },
    wsLink,
    httpAuthLink
)
```

第一個引數是條件式。它使用 getMainDefinition 函式來檢查操作的 query AST。如果這個操作是個 subscription，條件式會回傳 true。當條件式回傳 true 時，link 會回傳 wsLink。當條件式回傳 false 時，link 會回傳 httpAuthLink。

最後，我們更改 Apollo Client 組態，透過將 link 與 cache 傳給它來使用自訂的連結：

```
const client = new ApolloClient({ cache, link })
```

現在用戶端可以開始處理訂閱了。在下一節，我們要用 Apollo Client 送出第一個訂閱操作。

監聽新使用者

在用戶端，我們可以建立一個常數 LISTEN_FOR_USERS 來監聽新使用者。它有一個字串，以回傳新使用者的 githubLogin、name 與 avatar 的 subscription：

```
const LISTEN_FOR_USERS = gql`
    subscription {
        newUser {
            githubLogin
            name
            avatar
        }
    }
`
```

接著我們可以使用 `<Subscription />` 元件來監聽新使用者：

```
<Subscription subscription={LISTEN_FOR_USERS}>
    {({ data, loading }) => loading ?
        <p>loading a new user...</p> :
        <div>
            <img src={data.newUser.avatar} alt="" />
            <h2>{data.newUser.name}</h2>
        </div>
</Subscription>
```

你可以看到，`<Subscription />` 元件的工作方式類似 `<Mutation />` 與 `<Query />` 元件。你要將 subscription 送給它，接下來收到新使用者時，他們的資料就會被傳給一個函式。在 app 中使用這個元件的問題在於 `newUser` subscription 一次只傳遞一位新使用者，所以上述的元件只會顯示最後一位新建立的使用者。

接下來的工作是在 PhotoShare 用戶端啟動時監聽新使用者，並且在出現新使用者時將他們加入本地快取。當快取更新時，UI 也會跟著更新，所以我們不需要為新使用者修改任何關於 UI 的東西。

我們來修改 `App` 元件。首先，我們將它轉換成 `class` 元件，以便利用 React 的元件生命週期。裝載元件後，我們透過訂閱開始監聽新使用者。當 `App` 元件卸載時，我們呼叫 subscription 的 `unsubscribe` 方法來停止監聽：

```
import { withApollo } from 'react-apollo'

...

class App extends Component {

    componentDidMount() {
        let { client } = this.props
        this.listenForUsers = client
            .subscribe({ query: LISTEN_FOR_USERS })
```

```
            .subscribe(({ data:{ newUser } }) => {
                const data = client.readQuery({ query: ROOT_QUERY })
                data.totalUsers += 1
                data.allUsers = [
                    ...data.allUsers,
                    newUser
                ]
                client.writeQuery({ query: ROOT_QUERY, data })
            })
    }

    componentWillUnmount() {
        this.listenForUsers.unsubscribe()
    }

    render() {
        ...
    }
}

export default withApollo(App)
```

在匯出 `<App />` 元件時，我們使用 `withApollo` 函式來透過特性將用戶端傳給 App。裝載元件時，我們使用用戶端來監聽新使用者。卸載元件時使用 `unsubscribe` 方法來停止訂閱。

我們用 `client.subscribe().subscribe()` 來建立訂閱。第一個 `subscribe` 函式是 Apollo Client 方法，用途是傳送 subscription 操作給服務。它會回傳一個觀察物件（observer object）。第二個 `subscribe` 函式是觀察物件的方法，用途是訂閱觀察物件的處理程式。每當 subscription 傳送資料給用戶端時，這個處理程式就會被呼叫。在上面的程式中，我們加入一個處理程式來捕捉每位新使用者的資訊，並用 `writeQuery` 直接將它們加入 Apollo Cache。

加入新使用者之後，他們會立刻被推入本地快取，並立即更新 UI。因為 subscription 會將每位新使用者即時加到串列內，我們再也不需要在 `src/Users.js` 更新本地快取了。你要移除這個檔案裡面的 `updateUserCache` 函式與 mutation 的 `update` 特性。你可以在本書的網站查看這個 app 元件的完整版本（*https://github.com/MoonHighway/learning-graphql/tree/master/chapter-07/photo-share-client*）。

上傳檔案

建立 PhotoShare app 還有最後一個步驟——實際上傳照片。為了用 GraphQL 上傳檔案，我們必須修改 API 與用戶端，讓它們可以處理 `multipart/form-data` ——這是一種編碼類型，當你要在網際網路上以 POST 內文傳送檔案時需要使用它。我們要執行一個額外的步驟來用 GraphQL 引數傳遞檔案，如此一來，就可以直接在解析函式裡面處理檔案本身。

為了完成這項工作，我們要使用兩種 npm 套件：`apollo-upload-client` 與 `apollo-upload-server`。這兩種套件的用途是從網路瀏覽器以 HTTP 傳送檔案。`apollo-upload-client` 負責在瀏覽器捕捉檔案並藉由操作（operation）將它傳給伺服器。`apollo-upload-server` 的用途是處理從 `apollo-upload-client` 傳給伺服器的檔案。`apollo-upload-server` 會捕捉檔案並將它對應到適當的查詢引數，再透過引數將它送給解析函式。

在伺服器處理上傳

Apollo Server 會自動加入 `apollo-upload-server`。你不需要為你的 API 專案安裝這個 npm，因為它原本就在裡面運作了。你必須讓 GraphQL API 就緒，並且可接收上傳檔案。`Upload` 自訂純量型態是在 Apollo Server 內提供的。你可用它來捕捉檔案 `stream`、`mimetype` 以及上傳檔案的 `encoding`。

我們從 schema 開始工作，在型態定義中加入一個自訂的純量，請在 schema 檔案內加入 `Upload` 純量：

```
scalar Upload

input PostPhotoInput {
  name: String!
  category: Photo_Category = PORTRAIT
  description: String,
  file: Upload!
}
```

`Upload` 型態可讓我們用 `PostPhotoInput` 傳遞檔案的內容。這代表我們可在解析函式內接收檔案本身。`Upload` 型態含有關於檔案的資訊，包括一個上傳的 `stream`，可用來儲存檔案。我們在 `postPhoto` mutation 中使用這個 `stream`。在 `resolvers/Mutation.js` 內的 `postPhoto` mutation 最下面加入下列的程式：

```
const { uploadStream } = require('../lib')
const path = require('path')

...

async postPhoto(root, args, { db, user, pubsub }) => {

    ...

    var toPath = path.join(
        __dirname, '..', 'assets', 'photos', `${photo.id}.jpg`
    )

    await { stream } = args.input.file
    await uploadFile(input.file, toPath)

    pubsub.publish('photo-added', { newPhoto: photo })

    return photo
}
```

在本例中，uploadStream 函式會回傳一個 promise，它會在上傳完成時解析。file 引數含有上傳串流，你可以將它輸送到 writeStream，並存放在本地的 assets/photos 目錄內。每一張新貼出的照片都會用這個唯一的代碼來命名。為了簡化，這個範例只處理 JPEG 圖像。

如果我們想要用同一個 API 提供這些照片檔案，就必須在 Express app 加入一些中介軟體，以便提供靜態 JPEG 圖像。我們可以在設定 Apollo Server 的 index.js 檔案裡面加入 express.static 中介軟體，讓我們可以透過一個路由傳送本地靜態檔案：

```
const path = require('path')

...

app.use(
    '/img/photos',
    express.static(path.join(__dirname, 'assets', 'photos'))
)
```

這段程式負責幫 HTTP 請求處理從 assets/photos 傳送靜態檔案給 /img/photos 的工作，

加上這段程式後，我們的伺服器就可以處理照片的上傳了。接下來要處理用戶端，我們要在那裡建立一個管理照片上傳的表單。

使用檔案服務

在真正的 Node.js app 中，我們通常使用雲端檔案服務來儲存使用者上傳的資料。之前的範例使用 `uploadFile` 函式將檔案上傳到本地目錄，這會限制這個範例 app 的擴展性。AWS、Google Cloud 或 Cloudinary 之類的服務可處理分散各地的 app 所上傳的大量檔案。

用 Apollo Client 貼出新照片

接下來我們要在用戶端處理照片。首先，為了顯示照片，我們必須在 `ROOT_QUERY` 加入 `allPhotos` 欄位。在 `src/App.js` 檔案裡面修改下列的 query ：

```
export const ROOT_QUERY = gql`
    query allUsers {
        totalUsers
        totalPhotos
        allUsers { ...userInfo }
        me { ...userInfo }
        allPhotos {
            id
            name
            url
        }
    }

    fragment userInfo on User {
        githubLogin
        name
        avatar
    }
`
```

接著當網站載入時，我們會接收每張照片在資料庫內的 `id`、`name` 與 `url`。我們可以使用這個資訊來顯示照片。讓我們建立一個 `Photos` 元件，用它來顯示每一張照片。

```
import React from 'react'
import { Query } from 'react-apollo'
import { ROOT_QUERY } from './App'

const Photos = () =>
    <Query query={ALL_PHOTOS_QUERY}>
        {({loading, data}) => loading ?
            <p>loading...</p> :
            data.allPhotos.map(photo =>
```

```
            <img
                key={photo.id}
                src={photo.url}
                alt={photo.name}
                width={350} />

        )
    }
</Query>

export default Photos
```

請記得，Query 元件用特性來接收 ROOT_QUERY。當載入完成時，我們用 render prop 模式來顯示所有照片。我們為 data.allPhotos 陣列內的每張照片加入一個新的 img 元件以及從每個照片物件拉出的詮釋資料，包括 photo.url 與 photo.name。

當我們將這段程式加入 App 元件時，照片就會被顯示出來。但是首先我們要建立另一個元件，這是個含有表單的 PostPhoto 元件：

```
import React, { Component } from 'react'

export default class PostPhoto extends Component {

    state = {
        name: '',
        description: '',
        category: 'PORTRAIT',
        file: ''
    }

    postPhoto = (mutation) => {
        console.log('todo: post photo')
        console.log(this.state)
    }

    render() {
        return (
            <form onSubmit={e => e.preventDefault()}
                style={{
                    display: 'flex',
                    flexDirection: 'column',
                    justifyContent: 'flex-start',
                    alignItems: 'flex-start'
                }}>
```

```
        <h1>Post a Photo</h1>

        <input type="text"
            style={{ margin: '10px' }}
            placeholder="photo name..."
            value={this.state.name}
            onChange={({target}) =>
                this.setState({ name: target.value })} />

        <textarea type="text"
            style={{ margin: '10px' }}
            placeholder="photo description..."
            value={this.state.description}
            onChange={({target}) =>
                this.setState({ description: target.value })} />

        <select value={this.state.category}
            style={{ margin: '10px' }}
            onChange={({target}) =>
                this.setState({ category: target.value })}>
            <option value="PORTRAIT">PORTRAIT</option>
            <option value="LANDSCAPE">LANDSCAPE</option>
            <option value="ACTION">ACTION</option>
            <option value="GRAPHIC">GRAPHIC</option>
        </select>

        <input type="file"
            style={{ margin: '10px' }}
            accept="image/jpeg"
            onChange={({target}) =>
                this.setState({
                    file: target.files && target.files.length ?
                        target.files[0] :
                        ''
            })} />

        <div style={{ margin: '10px' }}>
            <button onClick={() => this.postPhoto()}>
                Post Photo
            </button>
            <button onClick={() => this.props.history.goBack()}>
                Cancel
            </button>
        </div>

    </form>
```

```
        )
    }

}
```

PostPhoto 元件只是一個表單。這個表單使用 name、description、category 的輸入元素與 file 本身。在 React 中，我們將它稱為 controlled，因為每一個輸入元素都連接一個狀態變數。每當輸入值改變時，PostPhoto 元件的狀態也會改變。

我們藉由按下 "Post Photo" 按鈕來送出照片。檔案輸入項可接收 JPEG 並設定 file 的狀態。這個狀態欄位代表實際的檔案，而非只是文字。為了簡化，我們沒有幫這個元件加上任何表單驗證。

接著要將新元件加入 App 元件。當我們做這項工作時會確定首頁路由顯示了 Users 與 Photos。我們也加入一個 /newPhoto 路由，可用來顯示表單。

```
import React, { Fragment } from 'react'
import { Switch, Route, BrowserRouter } from 'react-router-dom'
import Users from './Users'
import Photos from './Photos'
import PostPhoto from './PostPhoto'
import AuthorizedUser from './AuthorizedUser'

const App = () =>
    <BrowserRouter>
        <Switch>
            <Route
                exact
                path="/"
                component={() =>
                    <Fragment>
                        <AuthorizedUser />
                        <Users />
                        <Photos />
                    </Fragment>
                } />
            <Route path="/newPhoto" component={PostPhoto} />
            <Route component={({ location }) =>
                <h1>"{location.pathname}" not found</h1>
            } />
        </Switch>
    </BrowserRouter>

export default App
```

<Switch> 元件可讓我們一次算繪一個路由。當 url 含有首頁路由“/”時，我們顯示一個含有 AuthorizedUser、Users 與 Photos 元件的元件。當我們想要顯示同層元件且不想要將它們包在額外的 div 元素時，會在 React 內使用 Fragment。當路由是“/newPhoto”時，我們顯示新照片表單。無法辨識路由時，我們顯示 h1 元素來讓使用者知道我們無法找到他們提供的路由。

只有經過授權的使用者可以貼出照片，所以我們將一個“Post Photo” NavLink 附加至 AuthorizedUser 元件。按下這個按鈕可算繪 PostPhoto。

```
import { withRouter, NavLink } from 'react-router-dom'

...

class AuthorizedUser extends Component {

    ...

    render() {
        return (
            <Query query={ME_QUERY}>
                {({ loading, data }) => data.me ?
                    <div>
                        <img
                            src={data.me.avatar_url}
                            width={48}
                            height={48}
                            alt="" />
                        <h1>{data.me.name}</h1>
                        <button onClick={this.logout}>logout</button>
                        <NavLink to="/newPhoto">Post Photo</NavLink>
                    </div> :

    ...
```

我們匯入 <NavLink> 元件。當 Post Photo 連結被按下時，使用者會被送到 /newPhoto 路由。

此時 app 導覽應該可以動作了，使用者可在螢幕之間瀏覽，當我們貼出照片時，也可以在主控台看到必要的輸入資料紀錄。接下來要取得那些貼出的資料，包括檔案，並且用 mutation 送出它們。

先安裝 apollo-upload-client：

```
npm install apollo-upload-client
```

我們要將目前的 HTTP 連結換成 apollo-upload-client 提供的 HTTP 連結。這個連結將會支援含有上傳檔案的 multipart/form-data 請求。使用 createUploadLink 函式來建立這個連結：

```
import { createUploadLink } from 'apollo-upload-client'

...

const httpLink = createUploadLink({
    uri: 'http://localhost:4000/graphql'
})
```

我們用 createUploadLink 函式將舊的 HTTP 連結換成新連結。它看起來很像 HTTP 連結，有一個以 uri 加入的 API 路由。

接下來要在 PostPhoto 表單裡面加入 postPhoto mutation：

```
import React, { Component } from 'react'
import { Mutation } from 'react-apollo'
import { gql } from 'apollo-boost'
import { ROOT_QUERY } from './App'

const POST_PHOTO_MUTATION = gql`
    mutation postPhoto($input: PostPhotoInput!) {
        postPhoto(input:$input) {
            id
            name
            url
        }
    }
`
```

POST_PHOTO_MUTATION 是被解析為 AST 並且可以送到伺服器的 mutation。我們匯入 ALL_PHOTOS_QUERY，當我們將本地快取更新為 mutation 回傳的新照片時就會使用它。

為了加入 mutation，我們將 Post Photo 按鈕元素放在 Mutation 元件裡面：

```
<div style={{ margin: '10px' }}>
    <Mutation mutation={POST_PHOTO_MUTATION}
        update={updatePhotos}>
        {mutation =>
```

```
                <button onClick={() => this.postPhoto(mutation)}>
                    Post Photo
                </button>
            }
        </Mutation>
        <button onClick={() => this.props.history.goBack()}>
            Cancel
        </button>
    </div>
```

這個 Mutation 元件用函式來傳送 mutation。我們按下按鈕時會將 mutation 函式傳給 postPhoto，讓它可用來改變照片資料。當 mutation 完成時，呼叫 updatePhotos 函式來更新本地快取。

接著實際傳送 mutation：

```
postPhoto = async (mutation) => {
    await mutation({
        variables: {
            input: this.state
        }
    }).catch(console.error)
    this.props.history.replace('/')
}
```

這個 mutation 函式會回傳一個 promise。完成後，我們使用 React Router，以 history 特性更改目前的路由，將使用者送回首頁。當 mutation 完成時捕捉它回傳的資料來更新本地快取：

```
const updatePhotos = (cache, { data:{ postPhoto } }) => {
    var data = cache.readQuery({ query: ALL_PHOTOS_QUERY })
    data.allPhotos = [
        postPhoto,
        ...allPhotos
    ]
    cache.writeQuery({ query: ALL_PHOTOS_QUERY, data })
}
```

updatePhotos 方法負責處理快取更新。我們用 ROOT_QUERY 從快取讀取照片。接著使用 writeQuery 將新照片加入快取。這個小小的修改可確保本地資料保持同步。

此時，我們已經可以貼出新照片了。來吧，給它一個機會。

我們將進一步觀察查詢、變動、訂閱在用戶端是如何處理的。當你使用 React Apollo 時，可利用 `<Query>`、`<Mutation>` 與 `<Subscription>` 元件來協助你將資料從 GraphQL 服務連接到使用者介面。

現在這個 app 已經開始運作了，我們還要加入一層程式來維護安全。

安全性

你的 GraphQL 服務為用戶端提供許多自由與彈性。他們可以用單一請求靈活地從多個來源查詢資料，也可以用單一請求取得大量相關（或相連）的資料。不過我們還沒有注意到，因為用戶端能夠用單一請求從服務請求太多東西，所以大型的查詢不但影響伺服器的效能，也可能導致服務完全當機。有些用戶端可能是不小心的，有些則帶著惡意。無論如何，你都要建立一些安全措施，並且監視伺服器的效能，以防禦大型或惡意的查詢。

在下一節，我們要討論一些讓 GraphQL 服務更安全的選項。

請求時間限制

請求時間限制（*request timeout*）是對抗大型或惡意查詢的第一道防線。請求時間限制只容許以一定的時間長度來處理每一個請求。這代表服務的請求必須在特定時間範圍內完成。除了在 GraphQL 服務中使用之外，請求時間限制也被用在各式各樣的網際網路服務與程序中。你或許已經為你的 REST API 實作這些時間限制來預防索取過多 POST 資料的冗長請求了。

你可以在 express 伺服器設定 `timeout` 鍵來為它加入整體的請求時間限制。下面的程式可加入五秒的時間限制來預防造成麻煩的查詢：

```
const httpServer = createServer(app)
server.installSubscriptionHandlers(httpServer)

httpServer.timeout = 5000
```

此外，你可以為整體的查詢或各別的解析函式設定時間限制。為查詢或解析函式設定時間限制的技巧是將每一個查詢或解析函式的開始時間存起來，並用它來限制時間。你可以在 context 中記錄每一個請求的開始時間：

```
const context = async ({ request }) => {

    ...

    return {
        ...
        timestamp: performance.now()
    }

}
```

現在每一個解析函式都知道 query 開始的時間，並且在 query 耗時過久時丟出錯誤。

資料限制

另一種預防大型或惡意查詢的措施是限制每一個查詢可回傳的資料量。你可以讓 query 指定回傳的紀錄數量來回傳特定數量的紀錄或頁數。

例如，我們曾經在第四章設計一個可以處理資料分頁的 schema。但是如果用戶端請求一個非常大的資料頁呢？下面是執行此操作的用戶端案例：

```
query allPhotos {
  allPhotos(first=99999) {
    name
    url
    postedBy {
        name
        avatar
    }
}
```

你可以直接設定每一頁的資料數量上限來避免這類的大型請求。例如，你可以在 GraphQL 伺服器設定每個查詢上限是 100 張照片。你可以在查詢解析函式中檢查一個引數來執行這個限制：

```
allPhotos: (root, data, context) {
    if (data.first > 100) {
        throw new Error('Only 100 photos can be requested at a time')
    }
}
```

當你有大量的紀錄可供請求時，實作資料分頁肯定是好的做法。你可以提供一個查詢應回傳的紀錄數量來實作資料分頁。

限制查詢深度

可查詢互相連接的資料是 GraphQL 提供的好處之一。例如，在照片 API 中，我們可以編寫一個 query 來索取照片的資訊、誰貼出它，以及那位拍照者貼出的所有其他照片，全部用一個請求來完成：

```
query getPhoto($id:ID!) {
    Photo(id:$id) {
        name
        url
        postedBy {
            name
            avatar
            postedPhotos {
                name
                url
            }
        }
    }
}
```

這確實是很棒的功能，可改善 app 的網路效能。我們可以說上面 query 的深度是 3，因為它查詢了照片本身與兩個連接的欄位：postedBy 與 postedPhotos。查詢的深度是 0，Photo 欄位的深度是 1，postedBy 欄位的深度是 2，而 postedPhotos 欄位的深度是 3。

用戶端可以利用這項功能。考慮下列的 query ：

```
query getPhoto($id:ID!) {
    Photo(id:$id) {
        name
        url
        postedBy {
            name
            avatar
            postedPhotos {
                name
                url
                taggedUsers {
                    name
                    avatar
                    postedPhotos {
                        name
                        url
                    }
                }
```

```
            }
        }
    }
}
```

我們為這個 query 加深兩層：原始照片的拍照者貼出之所有照片中的 taggedUsers，以及原始照片的拍照者貼出之所有照片裡面的所有 taggedUsers 的 postedPhotos。這意味著當我貼出原始照片時，這個 query 也會解析我貼出的所有照片、在那些照片裡面被標記的所有使用者，以及被標記的所有使用者貼出的所有照片。這會請求大量的資料，也會讓解析函式執行繁重的工作。查詢深度可能呈指數成長，很容易就會失控。

你可以限制 GraphQL 服務的查詢深度來防止深度查詢拖垮你的服務。如果我們將 query 的深度限制為 3，那麼第一個 query 在限制範圍內，但第二個 query 則非如此，因為它的查詢深度是 5。

限制查詢深度的做法通常是解析 query 的 AST 來確定這些物件裡面嵌套的選擇組有多深。我們有 graphql-depth-limit 這類的 npm 套件可以協助處理這項工作：

```
npm install graphql-depth-limit
```

安裝它之後，你可以使用 depthLimit 函式在 GraphQL 伺服器組態內加入驗證規則：

```
const depthLimit = require('graphql-depth-limit')

...

const server = new ApolloServer({
    typeDefs,
    resolvers,
    validationRules: [depthLimit(5)],
    context: async({ req, connection }) => {
        ...
    }
})
```

我們將查詢深度限制為 10，代表允許用戶端編寫可達 10 個選擇組深的 query 。如果深度超出這個範圍，GraphQL 伺服器會阻擋查詢的執行並回傳錯誤。

限制查詢複雜度

另一種可以協助你找出麻煩的 query 的指標是**查詢複雜度**。有一些用戶端的 query 或許不深，但因為需要查詢的欄位數量很多，所以也要付出昂貴的代價。考慮這個 query：

```
query everything($id:ID!) {
  totalUsers
  Photo(id:$id) {
    name
    url
  }
  allUsers {
    id
    name
    avatar
    postedPhotos {
      name
      url
    }
    inPhotos {
      name
      url
      taggedUsers {
        id
      }
    }
  }
}
```

`everything` query 並未超出查詢深度限制，但因為要查詢的欄位數量很多，它仍然要付出昂貴的代價。之前提過，每一個欄位都有一個 `resolver` 函式需要呼叫。

查詢複雜度會為 query 的每一個欄位指定一個複雜度值，並加總 query 的整體複雜度。你可以為任何 query 定義最大複雜度來設定整體限制。在實作查詢複雜度時，你可以找出昂貴的解析函式，並且幫那些欄位設定較高的複雜度。

有一些 npm 套件可協助實作查詢複雜度限制。我們來看一下如何用 `graphql-validation-complexity` 在服務中實作查詢複雜度：

```
npm install graphql-validation-complexity
```

graphql-validation-complexity 有一組現成的預設規則可決定 query 的複雜度。它將各個純量欄位設為 1，如果那個欄位在串列內，就將值乘以 10。

例如，以下是 graphql-validation-complexity 評分 everything query 的方式：

```
query everything($id:ID!) {
  totalUsers        # 複雜度 1
  Photo(id:$id) {
    name            # 複雜度 1
    url             # 複雜度 1
  }
  allUsers {
    id              # 複雜度 10
    name            # 複雜度 10
    avatar          # 複雜度 10
    postedPhotos {
      name          # 複雜度 100
      url           # 複雜度 100
    }
    inPhotos {
      name          # 複雜度 100
      url           # 複雜度 100
      taggedUsers {
        id          # 複雜度 1000
      }
    }
  }
}             # 總複雜度 1433
```

在預設情況下，graphql-validation-complexity 會幫每一個欄位設定一個值。它會幫任何串列的那個值乘以 10。在本例中，totalUsers 代表一個整數欄位，所以它被設為複雜度 1。單張照片內的查詢欄位的值是一樣的。請注意，在 allUsers 串列之中查詢的欄位都被設為 10，這是因為它們在一個串列內，所以每一個串列欄位都被乘以 10。所以在串列內的串列會被設定 100，因為 taggedUsers 是在 inPhotos 串列內的串列，而 inPhotos 在 allUsers 串列內，所以 taggedUser 欄位的值是 10×10×10，也就是 1000。

我們可以將整體的查詢複雜度上限設為 1000 來防止這個 query 的執行：

```
const { createComplexityLimitRule } = require('graphql-validation-complexity')

...

   const options = {
```

```
    ...

    validationRules: [
        depthLimit(5),
        createComplexityLimitRule(1000, {
            onCost: cost => console.log('query cost: ', cost)
        })
    ]
}
```

在這個範例中，我們使用 graphql-validation-complexity 套件的 createComplexityLimitRule 將最大複雜度限制為 1000。我們也實作了 onCost 函式，它會在各個查詢的總成本被算出來的時候執行。上面的 query 在這種情況無法執行，因為它超出最大複雜度 1000 了。

大部分的查詢複雜度套件都可讓你設定自己的規則。我們可用 graphql-validation-complexity 套件來改變純量、物件與串列的複雜度值。你也可以幫你認為非常複雜或昂貴的任何欄位設定自訂的複雜度值。

Apollo Engine

你不能只實作安全措施就期望得到最好的結果。任何良好的安全措施與效能策略都需要使用一些指標。你可能需要監視 GraphQL 服務來找出最受歡迎的查詢，以及效能瓶頸在哪裡。

你可以使用 *Apollo Engine* 來監視 GraphQL 服務，但它不單單只是個監視工具，也是個強健的雲端服務，可讓你深入瞭解 GraphQL 層，讓你更有自信地運行服務。它可監視被送到服務的 GraphQL 操作，並在 *https://engine.apollographql.com* 提供詳細的線上即時報告，你可以用它來找出最熱門的查詢、監視執行時間、錯誤，以及協助找出瓶頸。它也提供一些管理 schema 的工具，包括驗證。

Apollo Engine 已經被納入你的 Apollo Server 2.0 裡面了。你只要用一行程式就可以在任何運行 Apollo Server 的地方執行 Engine，包括無伺服器環境與邊界（edge）。你只要將 engine 鍵設為 true 來打開它就可以了：

```
const server = new ApolloServer({
  typeDefs,
  resolvers,
  engine: true
})
```

下一步是確保你在 Apollo Engine API 鍵設定一個稱為 `ENGINE_API_KEY` 的環境變數。前往 *https://engine.apollographql.com* 來建立一個帳號並生成金鑰。

為了將 app 公布到 Apollo Engine，你必須安裝 Apollo CLI 工具：

```
npm install -g apollo
```

安裝後就可以使用 CLI 來發表 app 了：

```
apollo schema:publish
    --key=<YOUR ENGINE API KEY>
    --endpoint=http://localhost:4000/graphql
```

別忘了也要將 `ENGINE_API_KEY` 加入環境變數。

現在當我們執行 PhotoShare GraphQL API 時，送到 GraphQL 服務的所有操作都會被監視。你可以在 Engine 網站查看活動報告，以及使用這個活動報告來協助找到瓶頸並處理它。此外，Apollo Engine 也會改善查詢的效能與反應時間，並且監視服務的效能。

採取下一個步驟

在這本書中，你已經學過圖論、寫了一些 query、設計過 schema，也設定 GraphQL 服務並瞭解 GraphQL 用戶端解決方案了。建立厚實的基礎之後，你可以使用一些工具來以 GraphQL 改善 app。在這一節，我要分享一些可以為未來的 GraphQL app 提供更多支援的概念與資源。

漸進遷移

我們的 PhotoShare app 是一個典型的 Greenfield 專案案例。當你建立自己的專案時，或許沒有從頭開始製作的權利。GraphQL 的彈性可讓你漸進合併 GraphQL。你不需要為了享受 GraphQL 的功能而拆掉所有東西再重頭構築，而是以採取以下的概念來慢慢起步：

在解析函式裡面從 REST 抓取資料

不要重新建立每一個 REST 端點，而是將 GraphQL 當成閘道，並在伺服器的解析函式內發出抓取該資料的請求。你的服務也可以將 REST 送來的資料存入快取來改善查詢回應時間。

或使用 GraphQL 請求

強健的用戶端解決方案很好，但是在一開始就實作它們可能需要設定太多東西。為了在一開始更輕鬆，你可以使用 `graphql-request` 並在使用 `fetch` 的同一個地方發出請求。這種做法可讓你快速開始工作、連接 GraphQL，而且當你開始將效能最佳化時，很有可能就有個比較完善的用戶端解決方案。你當然可以在同一個 app 內從四個 REST 端點與一個 GraphQL 服務抓取資料，沒必要將所有東西一次遷移到 GraphQL。

在一或兩個元件裡面使用 GraphQL

與其重建整個網站，你可以用 GraphQL 提供資料給一個特定的元件或網頁。當你改變單一元件時，保持網站的其他東西不變。

不要建立任何其他的 REST 端點

為你的新服務或功能建立 GraphQL 端點，而不是擴展 REST。你可以在 REST 端點所在的伺服器提供 GraphQL 端點。Express 不在乎它究竟是將一個請求傳給 REST 函式還是 GraphQL 解析函式。每當有工作需要新的 REST 端點時，就將那項功能加到你的 GraphQL 服務。

不要維護你目前的 REST 端點

下一次需要修改 REST 端點或為某些資料建立自訂端點時，不要做那件事！你應該花時間拆掉這個端點，並將它更新為 GraphQL。你可以用這種方式慢慢地遷移整個 REST API。

慢慢地移到 GraphQL 可讓你立即獲得新功能帶來的幫助，而不用經歷剛開始時一無所有的痛苦。從你擁有的東西開始做起，就可以平順且漸進地轉移到 GraphQL。

schema 優先開發

你正在參加新網路專案的會議。現場有來自各個前端與後端團隊的成員。在會議結束後，有些人可能取得某些規格，但這些文件通常很冗長，而且不會被充分利用。前端與後端團隊立刻開始編寫程式，但因為沒有明確的指導方針，專案的進度開始落後，而且與大家最初的期望不一樣。

在網路專案中出現的問題通常出自缺乏溝通，或誤解應該建構的東西。schema 可讓人明確地溝通，這就是許多專案都採取 *schema 優先開發*的原因。採取這種做法時，不同的團隊會在建構任何東西之前先一起建立 schema，不會陷入特定領域的實作細節。

schema 是前端與後端團隊的協議，定義了 app 所有資料的關係。當團隊認同一份 schema 時，他們就可以各自工作來滿足 schema。按照 schema 的指示來工作可產生較好的結果，因為它明確地定義型態。它可讓前端團隊知道該發出哪些查詢來將資料傳給使用者介面，可讓後端團隊知道需要的哪些資料，以及如何提供它們。schema 優先開發提供一張明確的藍圖，可凝聚各個團隊的共識，減少他們建立專案的壓力。

“模擬”對 schema 優先開發而言很重要。當前端團隊擁有 schema 時就可以立刻用它來開發元件。下面的程式可模擬在 `http://localhost:4000` 運行的 GraphQL 服務：

```
const { ApolloServer } = require('apollo-server')
const { readFileSync } = require('fs')

var typeDefs = readFileSync('./typeDefs.graphql', 'UTF-8')

const server = new ApolloServer({ typeDefs, mocks: true })

server.listen()
```

如果你已經在 schema 優先程序中設計 `typeDefs.graphql` 檔案了，就可以開始開發 UI 元件來傳送 query 、mutation 與 subscription 操作給模擬的 GraphQL 服務，同時可讓後端團隊實作真正的服務。

當你幫每一個純量型態設定一個預設值的時候，就已經在模擬了。你可以將每一個應該解析為字串的欄位設為“Hello World”。

你也可以模擬伺服器回傳的資料，讓回傳的資料看起來看像實際的資料。這是一種重要的功能，可協助你設計使用者介面元件：

```
const { ApolloServer, MockList } = require('apollo-server')
const { readFileSync } = require('fs')

const typeDefs = readFileSync('./typeDefs.graphql', 'UTF-8')
const resolvers = {}

const mocks = {
  Query: () => ({
    totalPhotos: () => 42,
    allPhotos: () => new MockList([5, 10]),
    Photo: () => ({
      name: 'sample photo',
      description: null
    })
  })
```

```
}

const server = new ApolloServer({
  typeDefs,
  resolvers,
  mocks
})

server.listen({ port: 4000 }, () =>
  console.log(`Mock Photo Share GraphQL Service`)
)
```

上面的程式幫 `totalPhotos` 與 `allPhotos` 以及 `Photo` 型態加上模擬資料。當我們查詢 `totalPhotos` 時，就會收到數字 `42`，當我們查詢 `allPhotos` 欄位時，會收到 5 到 10 張照片。`MockList` 是放入 `apollo-server` 的建構式，它的用途是產生特定長度的串列型態。每當服務解析 `Photo` 型態時，照片的 `name` 就是 "a sample photo"，`description` 就是 `null`。你可以用 `faker` 或 `casual` 這類的套件來建立相當穩定的模擬資料。這些 npm 提供各式各樣的假資料，可用來建構逼真的仿造品。

要進一步瞭解如何仿造 Apollo Server，你可以參考 Apollo 的文件（*https://www.apollographql.com/docs/apollo-server/v2/features/mocking.html*）。

GraphQL 會議

世上有許多專門討論 GraphQL 內容的會議和聚會。

GraphQL Summit (https://summit.graphql.com/)

Apollo GraphQL 舉辦的會議。

GraphQL Day (https://www.graphqlday.org/)

在荷蘭舉行的實作開發者大會。

GraphQL Europe (https://www.graphql-europe.org/)

在歐洲舉行的非營利 GraphQL 會議。

GraphQL Finland (https://graphql-finland.fi/)

在芬蘭赫爾辛基舉行的 GraphQL 社群會議。

你也可以在幾乎任何一場會議找到 GraphQL 內容，尤其是專門討論 JavaScript 的會議。

如果你想要找到附近的會議，世界各地的城市都有 GraphQL 聚會（*http://bit.ly/2lnBMB0*）。若你附近沒有，也可以親自舉辦一場本地聚會！

社群

GraphQL 如此熱門的原因是它是一項奇妙的技術，但它如此受歡迎也是因為 GraphQL 社群的大力支援。這個社群很熱情，你有各種方式可以加入他們，並隨時瞭解最新的變動。

當你搜尋其他的程式庫與工具時，你的 GraphQL 知識將成為良好的基礎。如果你希望進一步擴展技能，以下是一些可研究的主題：

schema 拼接

schema 拼接可讓你用多個 GraphQL API 建立一個 GraphQL schema。Apollo 提供一些很棒的工具來協助組成遠端 schema。你可以參考 Apollo 文件（*http://bit.ly/2KcibP6*）來瞭解如何參與這種專案。

Prisma

本書使用了 GraphQL Playground 與 GraphQL Request，它們都是 Prisma 團隊提供的工具。Prisma 是將既有的資料庫轉換成 GraphQL API 的工具，無論你使用哪種資料庫。GraphQL API 位於用戶端與資料庫之間，但 Prisma 位於 GraphQL API 與資料庫之間。Prisma 是開放原始碼的專案，所以你可以使用任何雲端服務來將 Prisma 服務部署到產品上。

這個團隊也發表一種工具── Prisma Cloud，它是 Prisma 服務的承載平台。你可以使用 Prisma Cloud 來管理你關注的所有 DevOps，而不需要設定自己的主機。

AWS AppSync

Amazon Web Services 是這個生態系統的另一個新成員。它發表了一個以 GraphQL 和 Apollo 工具建構的新產品，可簡化 GraphQL 服務的設定程序。AppSync 可讓你建立 schema 並連接資料來源。AppSync 可即時更新資料，甚至可處理離線的資料變動。

社群 Slack 通道

另一種很棒的參與方式是加入其中一個 GraphQL 社群 Slack 通道，加入後，你不但可以隨時掌握 GraphQL 的最新訊息，也可以提問，有時可獲得技術創造者的解答。

無論你在何處，也可以在這些日漸茁壯的社群中分享你的知識：

- GraphQL Slack（*https://graphql-slack.herokuapp.com/*）
- Apollo Slack（*https://www.apollographql.com/#slack*）

你可以在持續使用 GraphQL 的同時更積極地參與社群成為一位貢獻者。現在有些備受矚目的專案（例如 React Apollo、Prisma 與 GraphQL 本身）都用 `help wanted` 來標記等待解答的問題。解答這些問題也可以幫助許多人！你有很多機會可以貢獻工具給這個生態系統。

雖然變化是不可避免的，但支撐我們的 GraphQL API 開發者穩如泰山。我們的工作的核心就是建立 schema 與編寫解析函式來滿足 schema 的資料需求。無論這個生態系統有多少工具造成動盪，我們都可以依賴查詢語言本身的穩定性。在 API 的歷史中，GraphQL 是一項很新穎的技術，但它的未來一片明亮。我們開始創造驚奇吧！

索引

※ 提醒您：由於翻譯書排版的關係，部分索引名詞的對應頁碼會和實際頁碼有一頁之差。

符號

A

B

C

D

E

F

G

H

I

Q

R

S

T

U

V

W

Y

關於作者

Alex Banks 與 **Eve Porcello** 是任職於加州塔霍市（Tahoe City）的軟體工程師與指導員，他們為其公司 Moon Highway 的企業客戶和線上的 LinkedIn Learning 開發與提供客製化的培訓課程。他們也是 O'Reilly Media 書籍 *Learning React* 的作者。

出版記事

在 *Learning GraphQL* 封面上的動物是白腹隼雕（*Aquila fasciata*）。這種大型猛禽遍佈東南亞、中東和地中海，喜歡乾燥且可在峭壁或高大的樹木上築巢的地點。牠的平均翼展大約 60 英寸，特徵是深褐色的頭和翅膀，以及帶有深色條紋和斑點的白色下腹部。

這種擅長隱匿的掠食者在巢外通常靜默無聲，主要以其他鳥類為食，包括其他的猛禽，但也會獵食小型哺乳動物和爬蟲類。儘管牠們有獵食其他鳥類的傾向，但牠們最著名的特點是成年的伴侶對幼鳥的感情，無論幼鳥的出身如何。曾經有人目擊牠們在廢棄的巢穴中孵卵和養育幼兒，其中包括**白腹隼雕**和其他猛禽物種，而且在這群兄弟姐妹之間沒有致命的攻擊行為。

許多 O'Reilly 封面的動物都是瀕臨絕種的，牠們對這個世界而言都很重要。如果你想要知道自己可以提供什麼協助，可造訪 *animals.oreilly.com*。

封面圖像來自 *Brehms Tierleben*。

GraphQL 學習手冊

作　　者：Alex Banks, Eve Porcello
譯　　者：賴屹民
企劃編輯：蔡彤孟
文字編輯：江雅鈴
設計裝幀：陶相騰
發 行 人：廖文良

發 行 所：碁峰資訊股份有限公司
地　　址：台北市南港區三重路 66 號 7 樓之 6
電　　話：(02)2788-2408
傳　　真：(02)8192-4433
網　　站：www.gotop.com.tw
書　　號：A592
版　　次：2018 年 11 月初版
建議售價：NT$520

國家圖書館出版品預行編目資料

GraphQL 學習手冊 / Alex Banks, Eve Porcello 原著；賴屹民譯. -- 初版. -- 臺北市：碁峰資訊, 2018.11
面；　公分
譯自：Learning GraphQL : declarative data fetching for modern web apps
ISBN 978-986-476-984-1(平裝)
1.資料探勘　2.軟體研發
312.74　　107020373

讀者服務

- 感謝您購買碁峰圖書，如果您對本書的內容或表達上有不清楚的地方或其他建議，請至碁峰網站：「聯絡我們」\「圖書問題」留下您所購買之書籍及問題。（請註明購買書籍之書號及書名，以及問題頁數，以便能儘快為您處理）
http://www.gotop.com.tw

- 售後服務僅限書籍本身內容，若是軟、硬體問題，請您直接與軟體廠商聯絡。

- 若於購買書籍後發現有破損、缺頁、裝訂錯誤之問題，請直接將書寄回更換，並註明您的姓名、連絡電話及地址，將有專人與您連絡補寄商品。